普通高等教育"十三五"规划教材

工业设计专业规划教材

U0269718

产品形态设计

毛　斌　王　鹤　张金诚　编著

电子工业出版社·

Publishing House of Electronics Industry

北京·BEIJING

内 容 简 介

形态设计是工业设计的一项重要内容，它能带给消费者最直观的感受，是连接设计师与市场的桥梁。本书内容丰富，语言流畅，理论体系完整清晰；阐述了形态设计的基本规律，通过心理、视觉、传承等多个角度展开。

本书主要内容包括产品设计与形态设计、形态、形态设计的基本规律、形态设计的基本方法、形态设计与产品要素的关系、形态设计的语意特征、形态情趣化设计、形态设计中的文化要素和设计案例九个部分。

本书循序渐进，从形态的概念入手，逐步深入，同时引入各种理论作为辅助；强调实用，配以大量国内外优秀的产品形态示例图片，表述深入浅出，符合工业设计（理）专业教学改革方向。

本书适合高等院校的学生、企业的产品设计人员和产品开发高层决策者参考使用。

图书在版编目（CIP）数据

产品形态设计 / 毛斌, 王鹤, 张金诚编著. — 北京：电子工业出版社, 2020.2

ISBN 978-7-121-38092-1

Ⅰ. ①产… Ⅱ. ①毛… ②王… ③张… Ⅲ. ①产品设计－造型设计－高等学校－教材 Ⅳ. ①TB472.2

中国版本图书馆CIP数据核字（2019）第251843号

策划编辑：赵玉山
责任编辑：刘真平
印　　刷：北京捷迅佳彩印刷有限公司
装　　订：北京捷迅佳彩印刷有限公司
出版发行：电子工业出版社
　　　　　北京市海淀区万寿路173信箱　　邮编：100036
开　　本：787×1092　1/16　印张：10.25　字数：262.4千字
版　　次：2020年2月第1版
印　　次：2025年2月第7次印刷
定　　价：69.00元

前　言

　　形态设计作为工业设计专业方向重要的必修专业课程，是联系形态基础课和专业设计课之间的桥梁和纽带。形态的研究对于设计师来说就是产品设计的主体，设计师通过形态来表现产品的机理，传递产品的信息；而消费者通过产品的形态来认识产品，从而去使用它。形态是连接设计师与消费者信息沟通的载体。

　　编写适应本课程需要的教材和形态课程研究在整个工业设计专业教学中的重要性是不言而喻的。教材的编写完成可以更好地帮助培养和提高学生的基础造型能力，并应用于实际产品设计当中，完成从理论学习到实际运用的转变，通过形态设计的学习有助于学生把头脑中的抽象设计思路转化成具象的产品设计。

　　为帮助读者更好地学习形态设计相关理论，在 2009 年出版的教材基础上，进一步完善内容体系，更新案例。从形态设计的根源入手，通过对形态的重新认识和对形态产生的基本规律的介绍，引出形态设计的基本方法，让学生通过对原理的理解，掌握形态设计多元化的创意方法。

　　其中在形态设计基本规律部分，首先，围绕设计审美的心理特征、视觉特征和创意思维特征三个方面详细讲述了影响形态设计的基本要素和规律；其次，通过对产品形态构成的基本原则介绍，让学生了解社会变革、市场变化及外界要素对形态设计的影响；再次，在设计基本方法部分，结合学生前期所学的构成基本知识确定设计的多项方法；最后，引导学生了解形态设计可以从设计各个要素入手，以点带面地创造更多新颖的产品形态。

　　本书剖析形态设计中的文化要素及应用，通过对传统文化生命力的解读、文化在形态设计中的应用分析，让学生认识到文化内涵对于提升产品潜在价值的重要性，并且掌握文化在产品形态设计中的表达技巧。

　　本书得到了山东建筑大学美谋工作室师生的大力支持，在此表示真诚的感谢；为了与工业设计专业更好地结合，本书借鉴、参考了国内众多知名学者、专家的相关教材和著作，在此特向他们表示感谢；本书选用案例旨在传播教育，无商业目的，图片部分来自互联网，在此向图片作者表示感谢。本书吸取同类教材的优点以补充其不足，尽量做到全面易懂。

　　由于编著者水平有限，如有不当之处请批评指正。

编著者

2019 年 4 月于济南

目　录

第 8 章

形态设计中的文化要素 ⋯⋯⋯⋯ 129

第 9 章

设计案例 ⋯⋯⋯⋯⋯⋯⋯⋯⋯ 134

第1章
产品设计与形态设计

教 学 目 标

- （1）了解产品设计的概念
- （2）掌握产品设计的基本要素及其相互关系，如材料对形态的影响，工艺给形态带来的新的变化，为后面章节的学习打下基础
- （3）了解产品改进设计中的形态变化是局部的设计与修正，创新设计中则要求形态具有全新的变化，甚至改变人们的生活方式
- （4）作为未来的设计师，学生应该注意哪些产品要素

形态设计是产品设计的外在表现，它是功能、材料、结构、工艺等产品要素的综合，是产品功能的载体；不同的产品层次又对形态设计提出了不同的要求和设计方向。

1.1 产品设计及其要素

产品设计是融合了各种设计要素的整体，因此才有了富有意义的产品。能否设计出符合时代要求、市场要求的产品与设计要素的提炼密不可分。在任何时候产品设计要素都对形态设计产生着重要影响。因此，我们有必要了解一下产品设计各要素及其关系。

1.1.1 产品设计概念

所谓产品设计，即是对产品的造型、材料、结构和功能等方面进行综合性的设计，以便生产出符合人们需要的、人们希望拥有的、实用的、好用的、经济的、美观的产品。

产品设计反映一个时代的经济、技术和文化。它可以看作一个创造性的综合信息处理过程，是将人的某种目的或需要转换为一个具体的物理或工具的过程；是把一种计划、规划设想、问题解决的方法，通过具体的操作，以理想的形式表达出来的过程。

随着科学技术的飞速发展和人们生活方式、价值观念的不断变化，人们对现代产品也提出了更高的要求。产品设计的过程也由此变得更为复杂，需要更多地从心理角度去捕捉消费者的消费方向。为适应产品设计的不断变化，设计师需要更加广泛的专业知识，把市场学、经济学、文化、艺术、科学技术等多种知识结合在一起，来为自己提供更多、更广泛的设计思维和支持。

1.1.2 产品设计要素及其相互联系

要全面了解产品设计，首先要了解产品的要素，那么产品有哪些基本要素呢？功能、材料、结构、形态等即构成了产品设计的基本要素。

功能是产品设计的决定因素，不同的功能可以产生不同的产品形态，但是功能并不是影响产品形态的唯一因素，产品形态设计有着别具一格的方法和手段。功能与形态不是单一对应的关系，同一种功能，因为其他产品要素的影响，可以产生多种形态，这也是工业设计与纯机械产品设计的区别所在。

材料条件和结构形式是实现产品功能和形态的基础，采用不同的材料和结构形式制造的产品，都会表现出不同的形态。如家具中的沙发（见图1-1），选用不同材质，相应地要改变结构和加工方法，最终沙发形态变化也会很大。从图中我们可以看到，真皮材质与实木结合的沙发显得稳重大气，适合商业办公；布艺沙发轻巧时尚适于现代家庭；皮革与金属的结合是经典的代表；实木沙发稳重又有格调，让我们看到地域的风情与特点。

功能、材料、结构、形态之间，功能是目的，材料、结构是条件，形态是手段，设计要素之间是对立与统一的关系。

设计大师赖特曾经说过："只重视功能而无视形态，就会产生机械的功能主义；只讲求形式表现，无视功能就是虚伪的形式主义。它们必须互为表里，密切结合，达到矛盾的统一。"设计师要了解所要设计的产品的功能和其所包含的一切内容，使形态适应它，反过来形态也有自己的独立价值，对产品的功能起到一定的促进作用。

结构、材料、工艺是造型的物质技术条件，它既给产品形态以制约，又起到一定的推动作用。没有适当的结构就没有所谓的型。比如，一张纸竖起来承受不住任何压力，但若围成圆筒，则能抵住一点压力。这说明结构不同，其形态和品质也有一定的变化。

形态的美通过形、色、质给观赏者以情感影响。不同的材料与加工技术会在视觉和触觉上给人以不同的感觉。形、色、质是依附于材料并通过工艺技术体现出来的。

综上所述，只要充分利用产品设计各要素的关系，就能给产品带来多样化的风格与情趣。

在后面的章节里会详细介绍不同产品要素对形态的影响。

图 1-1　形态、功能不同的沙发

产品形态创意是产品设计中所包含的一项十分重要的内容。在产品设计中，首先，设计师根据市场提供的基本信息，利用形态语言，对产品做出正确的形态设计定位，使其能表达设计的目标与意图；然后，在上述基础上展开更深入的设计构思；最终，利用设计评价方法在众多的设计方案中筛选出一个比较理想的设计方案，进行再加工得到理想的产品。

1.2　形态设计与产品设计的两个层次

产品设计一般分为两个层次，这两个层次对形态设计提出了不同的思路。第一个层次为产品改进设计，它主要对企业的老产品实施改造，属于低级层次；第二个层次为产品创新设计，是企业根据市场和消费者需求变化进行的全新设计，属于高级层次。

1.2.1 产品改进设计

在现实生活中并不是所有的产品都需要重新研发与设计，有时某种产品的大部分要素在市场中并没过时，如产品的功能原理、结构、技术要素等，仅仅是某个要素不能适应消费者的需要，如产品的材料或外观形态、色彩及局部设计不合适，影响人们的使用，从而影响产品销售。例如，吸尘器产品技术已经很成熟，结构和工作原理也不会有太大变化，如果重新开发，产品周期和费用都会增加，造成浪费。为了促进销售，企业一般会找出问题的实质并解决它，一一对症下药，即在原有产品基础上进行改进，以适应当前市场流行趋势，促进销售（见图1-2）。这时设计师的工作重点可能就是局部改进，如从形态、色彩、材料、工艺到包装、装潢等角度进行调整，同时兼顾材料、工艺与时尚要求、民族文化的协调，也不能忽略造型与现有的技术条件与投资、市场销售之间的协调。只要从综合效益上能有所提高就可以只从产品要素的某个部分出发着手设计，如改变把手的材料和长短、主机的形态与色彩等。

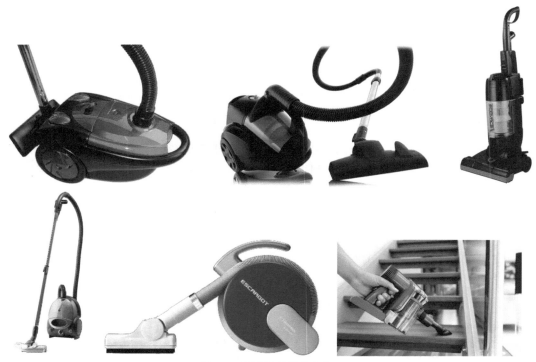

图 1-2　吸尘器造型的变化

产品改进设计的重点主要体现在产品的外观形态方面。

对任何产品来说都有一个从研发到退市的生命周期，当企业经过市场调研确定一个产品方向后，企业就开始研发新的产品，经过一段时间的开发后，这种产品被企业投放到目标市场进行销售，这就进入产品的成长期；随着产品的成长，其在市场上能够满足消费者需要，为企业带来利润；随后，产品市场表现稳定，产品进入成熟期；此后，产品开始走下坡路，原有的优势不再存在，开始走向衰退期并退出市场，最终被更多更好的竞争产品所取代。

作为企业肯定希望延长产品的生命周期，这样既能节约成本，又能给企业带来更大效益，这时产品改进设计的作用就显现出来，它能延长产品的生命周期，给产品带来循环的成熟期。当一个产品由成熟期转向衰退期时，产品的改进设计可以让产品重新赢得市场和消费者，从而延长产品的生命周期，为企业带来最大化的利润。产品改进设计的开发周期与利润的关系见图 1-3。

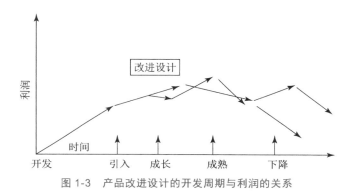

图 1-3　产品改进设计的开发周期与利润的关系

如普通家用冰箱，它的工作原理和技术性能已经不能满足信息时代年轻人的需要，但是冰箱现有的成熟技术仍是质量的保证，为了达到继续吸引消费者、为新型冰箱的研发争取时间的目的，企业纷纷在冰箱的形态和技术细节上做文章，比如，从运用时尚的外形（见图 1-4 ）、亮丽的色彩或充满噱头的新技术入手，尽可能地延长老产品的生命周期。

图 1-4　在外形上大做文章的冰箱

1.2.2 产品创新设计

随着社会的不断发展，人类社会发生了很大的变化。在产品自身方面，产品所包含的科学技术在不断进步，产品的新原理、新功能的发明不断更新，新材料、新工艺也在不断涌现；在市场消费方面，由于生活水平的提高，新的需求不断增加，消费环境不断更新，使用的条件、使用者的层次分化都在不断变化，同时不同地域的社会习俗、时尚风格也都在变化，国际化的市场趋势使国际间有更多的交流、更多的相互影响，可持续发展的生态环境保护也成为当今社会乃至未来产品发展的主题。这时设计师就需要用工业设计的方法对产品进行重新思考，从产品所有要素的综合入手，用新的产品技术、功能、形态、结构、材料等来满足消费者不断变化的市场需求。

例如，使用变化带来的形态创新。所谓使用变化，就是通过改善或改变产品原来的使用操作方式或提供新的使用功能，使产品在使用和操作过程中更加适合现代人不断变化的使用习惯，从而使产品更能满足时尚生活方式的需要。比如，人们使用带线耳机时，需要插入电子设备进行连接，而随着时代变化，无线蓝牙耳机问世，让使用者可以免除恼人电线的牵绊，自在地以各种方式轻松通话。自从蓝牙耳机问世以来，它们一直是行动商务族提升效率的好工具。蓝牙耳机的形态创新见图1-5。

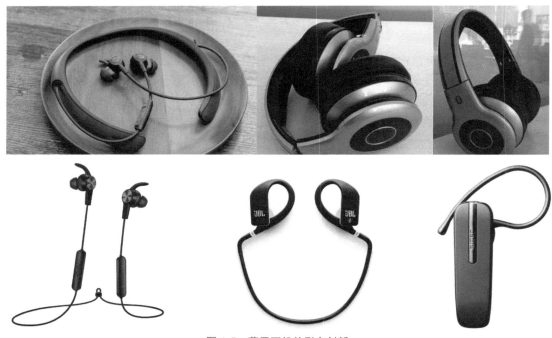

图 1-5　蓝牙耳机的形态创新

1.3 产品设计要素对设计师的要求

设计师在进行产品设计时，首先要了解产品设计的基本要求。只有了解了这些基本要求，设计师才能更好地抓住设计不同要素间的关系，以其为起点进行设计，才能更好地针对产品设计的两个层次进行形态设计。

（1）产品的功能性要素

产品的功能包括物理功能和心理功能两个方面。物理功能主要是指产品的基本性能、结构的安装方便性、使用的安全性、人机关系的合理性等；心理功能主要是指产品的形态、色彩、材质等各要素给人带来的美感与快感。另外，产品的形态、色彩、材质等要素具有一定的象征性，通过象征性可以体现消费者的个人价值、兴趣爱好或社会地位等。

（2）产品的审美性要素

每个设计师都会有自己主观的审美意向，但是产品的审美性不是设计师个人的喜好决定的，而是要具有大众普遍的审美情调才能称其为产品的审美性。产品的审美随着时代的不同会不断发生变化，有时是通过复杂多变的装饰取得的，有时是通过变幻多姿的工艺，现在往往通过新颖和简洁的造型、新型材料的变化来体现，但前提必须是满足功能基础上的产品设计。

（3）产品的经济性要素

产品设计师必须从消费者的利益出发，在保证质量的前提下，研究材料的选择和构造的简化，尽量降低成本，提高功能，这样才能为用户带来实惠，最终也为企业创造效益。

产品开发设计在企业中是一个涉及全方位、多层面的系统工程，对每个企业都有着相当大的影响，其最终目的是最大限度地创造产品的商业价值，提高产品的竞争力。应该注意到，产品设计不是按某个人的主观意志去做，而是要以科学的态度发挥各部门的最高效能，对现有科技和创造性的形态设计进行合理运用，使其发挥最佳状态，最终促进企业产品的销售。

（4）产品的创造性要素

只有创造性的设计才能给产品带来生机活力。新产品的诞生无不始于创造性思维，创造性思维是指设计师借助联想、想象、灵感等思维过程对前期收集的信息进行重新组合加工，形成解决问题的方法的思维过程。人类社会的每一种物质产品都充满创造精神，也正是由于人们的这种精神才开创了人类社会的文明。

设计的内涵就是创造。产品设计必须是创造出更新、更便利的功能，或是拥有新鲜造型感觉的新的设计。

（5）产品的适应性要素

产品是要被使用的，好的设计就是要满足消费者在特定环境下的特定需求。因此，产品设计必须考虑人—产品—环境的关系，处理好三者之间的关系，就能实现"以人为本"这一设计的最高要求。

除使用环境以外，产品设计不能只孤立在小环境下，还应该考虑社会环境的适应性。首先，我们的产品应易于消费者认知、理解、方便使用；其次，在环境保护、法律法规、社会伦理、知识产权等方面，也必须符合大环境的要求。

（6）产品设计对设计师自身的要求

在产品形态创新的过程中，设计师不仅要掌握与产品形态相关的材料、机构、生产技术及人机工学等方面的知识，领会和把握当今艺术的发展趋势和时尚特征，同时还要具备较高的艺术修养，掌握形态设计的原理与方法，提高形态设计的创新能力。

产品形态设计集中展示了设计师技术与艺术的高度结合，是设计师创造力的一种体现，反映了设计师对不同时代生活价值观念的认知与理解。正因如此，一个好的产品形态必定会唤起人们内心的联想时空，以此发掘人类内心的情感密码。

■ 小结

该章重点讲述了产品设计的两大层次对形态设计的影响。为延长产品的生命周期，可以对形态进行改进、变化；新的消费需求、消费环境的不断更新也会对形态产生影响，创造出新的形态。

■ 习题

1. 任选一品牌产品，观察该产品是如何为适应市场变化而进行形态改变的。

2. 请找出一些因为消费者使用方式的改变而使产品在形态方面发生变化的产品案例。

第2章 形态

- （1）认识形态的基本概念和概念中包含的深层意义
- （2）通过了解形态的分类和特征让学生知道形态设计所拥有的丰富资源
- （3）学会用设计师的眼光重新审视我们身边的所有形态，为更好地进行形态设计打下基础
- （4）学习的过程中要求学生多留心观察，积累更多的形态信息

学习形态的重要作用是什么？

首先，消费的多样性决定了形态设计的必要性，因此消费心态和消费层次的变化决定了产品形态的设计方向。例如，高档消费观的高收入阶层和普通消费观的中低消费者，在选择手表形态时的差异一定会很大。不同形态的手表见图 2-1。

价格相对低廉，外观时尚，适合中低收入的年轻消费者的手表　　功能齐全、外观简单经典，适合特殊群体需要的手表

图 2-1　不同形态的手表

价格昂贵、外观豪华，适合高收入消费群体的手表

图 2-1　不同形态的手表（续）

　　其次，产品的工程技术问题在企业中已经趋于成熟，而形态的设计往往需要创新、需要更多的精力，有了良好的形态设计能力，才能更好地进行产品设计。

　　注重形态与各要素的关系，由纯粹的形态转向产品的形态设计。

　　最后，产品形态创意结果的好坏将直接影响消费者对该产品的接受程度，影响产品在市场上的成功与否。因而，如何培养和加强学生的产品形态创造能力始终是设计教学中最为关键的任务之一。

2.1 形态的概念

　　设计师要把其设计最终呈现出来，必须通过视觉化的形式表现，因此从某种意义上说工业设计是一种"造型设计"活动。设计师只有将科学技术和艺术进行完美整合，才能创造出变化多样的产品形态。然而很多时候人们会误认为工业设计只是简单的"外观形状设计"，忽略了设计师利用形态向外界传达的思想与理念。因此，正确掌握形态的概念，准确把握形和态的关系，对设计师是至关重要的。

2.1.1 形态的基本概念

　　形态不是形状，形态的概念应该分成两部分来理解。首先是形的概念，形是指物体的外形和形状，是事物的外部轮廓，比如常说的几何形（矩形、圆形、三角形等）、自然形（树形、花形等）。态是指物体透过形体现的内在神态，也就是蕴含在物体中的"精神"，形态就是形与神的结合，也就是中国画所追求的最高境界：形神兼备。例如，矩形严谨，用于表现宁静、典雅；圆和椭圆形饱满，用于表现完满；曲线自由度强，自然、具有生活气息，用于表现动态造型，营造富有节奏、韵律和美感的气氛。

中国画史上最早提出"传神"观念的是东晋大画家顾恺之。传神论主要是受到公元4世纪汉末魏初名家论"言意之辨"和魏晋玄学的影响。传神论是中国古代艺术一直流行的审美准则。

康定斯基也曾经说过："我们不应被物体的外表形象所迷惑，而应该去表现它的本质——精神实质。"设计师也可以通过形态的形神兼备特性，在设计作品中表现自己的性格、情趣及对事物的看法，形成独特的富有生命力的形态。

2.1.2 形态的基本分类与特征

我们生存的世界中存在的形态是包罗万象的，大到宇宙星系，小到分子、粒子，数不胜数。此外，物质是不断运动变化的，形态也随着这种变化不断地发展和变化着，星系的崩塌、地壳的运动都在不断改变着我们的世界，所以说形态的变化是无穷无尽的，也是永恒的。

我们生活的社会也在这种无穷无尽的形态变化中得以延伸和发展。理解形态发展变化的这种必然性与永恒性可以使我们更充分地认识和理解形态，对有目的地创造新的形态有很大的帮助。

形态一般可以分为实际的形态（具象的形态）和概念的形态（抽象的形态）两大类。

（1）实际的形态

实际的形态包括自然界存在的形态和人们改造自然、征服自然、创建文明生活所产生的人工形态。

首先，来看自然界存在的形态。在自然界中存在着各种各样的形态，如地球上有生命的动物、植物、微生物，无生命的山川、流水，太空中的星云、星系等。我们把这些形态分成有机形态和无机形态两大类。有机形态是具有生命力的形态，如各种动植物的形态；无机形态指无生命力的形态，如奇峰怪石、行云流水等（见图 2-2 ）。

其次，来了解人工形态。人工形态是人类借助一定工具在不同材料基础上创造出来的各种产品形态，如远古时代的石斧、陶罐，奴隶社会的青铜器，封建社会的瓷器，现代社会家庭使用的各种家用电器、交通工具，还有建筑、家具、机器设备等（见图 2-3 ）。

图 2-2　自然形态

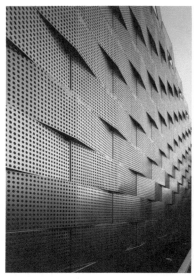

图 2-3　人工形态

　　自然形态与人工形态的根本差别在于它们的形成方式。一般来说，自然形态的形成与发展除了自然力的作用外，还要靠自身的变化规律。一个生命从细胞到成长的过程中形态的变化主要靠一套符合自然进化规律的维系自身生命的系统来完成，而地壳的运动变化又给自然界的山川地貌带来巨大变化。人工形态则完全是按照创造者的意愿形成的，人工形态是为了满足人们不断变化的生活需要，它不仅满足和丰富了现代人们对物质生活的要求，同时还起到了美化人们的生活环境、影响人们的内心情感、陶冶人们的思想情操、提高人们的精神生活质量的重要作用。

（2）概念的形态

　　概念的形态是不能被人们直接感知的形态，是人们根据自然规律总结出来的便于人们认知世界而产生的形态。

康定斯基对现实世界中实际的形态进行了研究。从视觉艺术的角度，以分解的方法，发现世界上所有的形态都是由相同的一些基本要素组成的，这些基本要素就是点、线、面。概念性的点、线、面、体、空间、肌理等为立体构成的基本元素。这些元素是人们从所有的现实形态中抽象出来的，因而由这些概念元素构成的概念形态也称为抽象形态。

形态给人的感受是物象的外形，而构成物象外形的是点、线、面的作用。康定斯基进一步分析了不同的点、线、面给人带来的不同感受，进而认识到点、线、面本身具有一定的表现力，奠定了抽象艺术的理论基础，并依据形态要素本身的表现力去表达自己的感情，从而开拓出一个广阔崭新的视觉艺术世界。

1）几何学的概念形态

一般来说，几何学的概念形态在单纯、简洁的同时又具有庄重、规律性等特性。几何学的概念形态按其不同的形状可分为如下三种类型。

① 圆形：包括圆球体、圆柱体、圆锥体、椭圆球体、椭圆柱体等。

② 方形：包括正方体、方柱体、长方体、多面体、方锥体等。

③ 三（多）角形：包括三角体、多角柱体、多角锥体等。

2）有机的概念形态

有机的概念形态是指有机体所形成的抽象形态，如生物的细胞组织、水中冲刷的鹅卵石等形态，这些概念的形态通常带有曲线的弧面造型，形态显得饱满、圆润、单纯而充满张力感。

3）偶然的概念形态

偶然的概念形态是在自然界中偶然形成的形态，如雨夜的闪电划过天空、撞击后产生的裂痕和损伤、石头投入水中产生的涟漪、瓷碗摔在地上破碎的形态等。这些形态往往带有一种无序和刺激的感觉。偶然的概念形态有一种特殊的力感和意想不到的变化效果，能给人一种新的启示或某种联想，经过设计师的加工和提炼就可能形成具有创意的新的形态，有时这种形态往往比一般的形态更具魅力和吸引力。

自然界为设计师提供了极其丰富的形态资源，是艺术创作取之不尽、用之不竭的源泉，工业设计师要深入了解大自然，注意观察身边的每一个形态，从大自然中获得设计灵感；同时对前人创造的形态虚心学习，取长补短，学会在继承中创造。总之，要从纷繁的形态中将美的要素提炼和抽象出来，创造出大量优秀产品的立体形态。

2.1.3 形态的艺术性

设计师更多地要关注形态的艺术性，中国古代的家具就已经体现出古人对形态的艺术性的追求。明清时期的家具采用小结构拼接，使用榫卯结构，形态上注重功能的合理性与多样性，讲求既要符合人的生理特点，又要体现出富贵典雅之感，是艺术性与实用性最完美的结合。这时的家具没有过多的装饰，主要突出木色纹理，体现材质美，形成清新雅致、明快简约的设计风格（见图 2-4）。

图 2-4　明清家具

明清家具具有"材美工精、典雅简朴"的特点，雅俗熔于一炉，雅而致用，俗不伤雅，达到美学、力学、功用三者的完美统一。造型简练稳重，注重外部轮廓的线条变化，形体敦厚而显得庄重秀丽，体现出科学性和艺术性融于一体的造型美。装饰手法善于提炼，精于取舍，注意木材的纹理，用工精巧，隽永耐看。

到了 20 世纪初，德国包豪斯学校（包豪斯经典校舍见图 2-5）提出了如下三个基本设计观点。

① 艺术与技术的新统一。

② 设计的目的是人而不是产品。

③ 设计必须遵循自然与客观的法则来进行。

这些观点对于工业设计的发展起到了积极的作用，使现代设计逐步由理想主义走向现实主义，同时也确定了产品设计的艺术性在设计中的作用。

图 2-5 包豪斯经典校舍

进入 21 世纪以来，产品设计更多地是让产品富有艺术性和装饰性，有的产品的艺术性甚至超过了其功能价值（见图 2-6）。现在的产品形态除了满足功能要求外，更加注重整体的艺术性，是使用和装饰的完美结合。

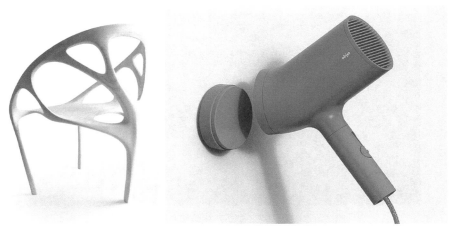

图 2-6 具有艺术感的产品

2.2 用全新视角认识形态

在日常生活中，人们对周围的形态变化似乎已司空见惯，对形态的种种变化视而不见。而事实上，这种变化无时无刻不在发生，只是变化有大有小，因为我们的"熟视无睹"，它们才变得"无影无踪"。因此，应该睁大双眼去捕捉这种"平淡"，用全新的视角认识形态。

2.2.1 由静到动认识形态

自然界的人和物都不是孤立存在的，它们和周围的事物与环境息息相关，正是因为这种相互关系，事物的形态就不可能是一成不变的，它会随着自身因素的作用及外在因素的影响而变化。

万事万物的变化首先是自身的外形变化，其次是受外界各种环境的作用产生的变化。另外，视角的变化也会给产品形态带来变化。视角的变化主要是改变视平线位置或前后运动改变视距。有时候动态往往就是视角运动产生的。例如，当你看某一物体时，你的眼睛永远不会是静止的，你的头与物体的关系也不是不变的，人和物永远在活动中。西方古典绘画的焦点透视与中国古典绘画的散点透视，就体现了对视点运动变化的不同理解。西方绘画注重画面中的一个观察角度的空间纵深，通常只有一个消失点，而中国画中的空间纵深处理往往具有多个消失点，同时也自然具有多个观察角度。中国山水画能够表现"咫尺千里"的辽阔境界，正是运用这种独特透视法的结果。故而，只有采用中国绘画的"散点透视"原理，艺术家才可以创作出数十米、百米以上的长卷（如《清明上河图》），而采用西方绘画中的"焦点透视法"就无法达到。这种运动的视点体现了中国绘画有言之不尽的妙处（见图2-7）。

图 2-7　中西方绘画的差别

图 2-7 中西方绘画的差别（续）

过去用静止观点理解的是形态的构造，现在用动态的观点理解的则是形态与形态之间、形态与环境之间的关系。

2.2.2 整体形态代替概念轮廓

一般来说外形轮廓是物象特征的主要内容之一，外形轮廓分为几何形、有机形、不规则形等。绘画通常从外形轮廓处着眼，外形轮廓的变化会带来不同的心理感受，如体现出速度感或节奏感等。

但在产品形态的整个塑造过程中，设计师始终要把形态的整体性和体积感表达出来，从整体的概念去把握形态，而不是以轮廓去把握形态。要达到在设计时把握整体，就必须在观察训练时，摒弃绘画轮廓的观察方法，而要注重整体形态，注意把握形态的深度、厚度及各方面细节。对形态的认识和塑造，不能局限在一个立面的轮廓上，其每个角度的形都是整体的一部分，都要用心去把握（见图 2-8 ～图 2-11）。

图 2-8　台灯

图 2-9　喷壶

图 2-10　风扇

图 2-11　创意家具

2.2.3　形态设计过程高于结果

　　形态设计过程贯穿着设计师的思维创造，设计师的设计创造包含抽象思维、形象思维、灵感思维等，经过大脑的提炼、加工、整理，形成有创造性的形态。其中灵感思维在设计思维过程中起到事半功倍的作用，往往有"山重水复疑无路，柳暗花明又一村"的结果。因此，好的设计不单单追求设计的结果，而更需要关注设计全过程。同时，在创作过程中能解决一些不可预见的实际问题，如材料工艺等变化因素。因此，过程的把握往往是锻炼我们创造思维和实际创作实践能力的必要手段。使用过程产生的产品见图 2-12。

图 2-12　使用过程产生的产品

2.2.4 看到形态背后的内容

在我们观察形态的过程中会发现，形态除了自身的内容外，还有其形式内容，其中包含不同的外形所产生的不同感觉。

如几何形中的正三角形有稳定之感，而倒三角形就有下垂的感觉；圆形与三角形相比，圆形有圆滑安全之感，三角形有尖锐危险之感；横形、竖形相对静态，斜形和弯曲形相对有动感。不同的外形由其变化的简单或复杂、变化规律的强弱产生了种种节奏变化和组合起来的节奏变化。例如，当我们的眼睛在轮廓线上运动时，那些无变化或变化小的轮廓线阻力小，就感觉速度快；对那些复杂的外轮廓，就感觉阻力大、速度慢，不同的外轮廓，节奏感也不同（见图 2-13）。另外，形态的材料质感和肌理也通过表面特征给人以视觉和触觉感受，以及心理联想及象征意义。不同的质感肌理能给人不同的心理感受，如玻璃、钢材可以表达科技气息，木材可以表达自然、古朴等（见图 2-14）。设计师可以通过选择合适的造型材料来增加感性、浪漫成分，使产品与人的互动性更强。

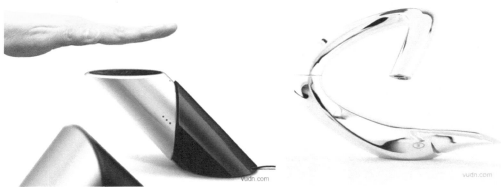

图 2-13　倾斜的形和弯曲的形

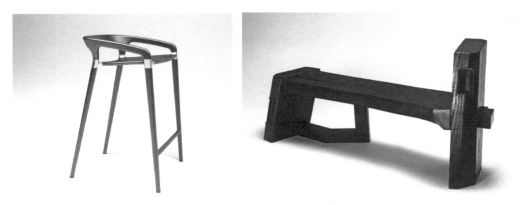

图 2-14　金属质感和木质座椅

■ 小结

该章通过形态概念的讲述，剖析了形态的内涵，使人们更充分地认识和理解形态，从全新的角度去观察形态。告诉学生自然界蕴含着巨大的宝藏，为我们提供了丰富的形态创作源泉，也就是学习形态的意义所在。

■ 习题

1. 收集尽量多的形态并进行分类。

2. 观察市场中现有的产品，体会形态的艺术性和产品形态的内涵。

第3章

形态设计的基本规律

教 学 目 标

- （1）形态设计和其他艺术设计一样，都要符合一定的形式美法则。该章通过对部分形式美法则的回顾，使学生理解形态造型的基本规律
- （2）通过对审美心理的阐述，让学生了解形态审美的基本过程
- （3）重点掌握形态所具备的力感、通感、求新、个性、联想等心理美学特征，通过形态心理的学习掌握不同形态带来的不同心理变化
- （4）掌握在形态设计时可以采用的各种视觉处理方式，给产品形态带来更多的变化
- （5）最后介绍了形态设计创意的一些注意事项和原则

什么最能体现产品设计的魅力？

产品设计是将人的某种目的或需要转换为一个具体的物理形式或工具的过程，把一种计划、规划设想、问题解决的方法，通过具体的载体，以美好的形式表达出来，而这个载体就是形态。

在人们眼中，最能引起大家注意的往往是事物的表象，形态作为工业设计的表象是区别于其他设计的明显标志，所以形态设计成为产品设计的核心，它是功能、材料、结构、工艺等因素综合而成的产物，形态是工业设计中最活跃的因子，是最能体现工业设计师创意能力和艺术修养的部分。正因如此，形态设计也是最能体现产品设计魅力的主要因素之一。

形态是传递产品信息的第一要素，设计师通过形态设计能把产品内在的质、结构、内涵等本质因素上升为具象的可传递的形象，并使人产生生理和视觉心理变化。对于设计师而言，其创意思想最终将以实体形式呈现。视觉化的形象用草图、模型及产品实物形式加以表现，达到其再现设计意图的目的。

工业设计师利用特有的造型语言进行产品形态设计，并借助产品的特定形态向外界传达自己的思想与理念，只有准确地把握形态设计，才能与消费者进行有效沟通，得到消费者的认同。

产品形态的构成通常也符合自然界中一般形态形成的普遍规律。

产品形态的艺术特征是设计师对产品的材料、工艺、结构、功能等造型要素综合运用的体现，是科学、技术和美学的互为统一。

人的审美心理活动包括人的内在心理活动和外部行为，作为个体的人，他们的审美心理活动是因人而异的，但由于社会的发展及人们长期的社会实践活动，使得人们对形态的认识又有很大共性，如后面我们要讲的形态造型的基本规律和形态的心理美学特征与视觉美学特征等。

本章的目的在于探索人们在形态审美认识中的共性，了解人们是如何对形态进行认识的，并在理解人们认识和接受形态的心理过程的基础上，更好地掌握人的心理因素，正确地把握形态的表现力及其个性，使形态设计达到更深的层次。

3.1 形态造型的基本规律

（1）对比与统一

对比与统一是形式美的最基本法则，它揭示出自然界、人类社会和人类思维等领域的任何事物都包含着内在的矛盾性，事物内部矛盾推动事物发展。形态造型就是要在统一中求变化，在变化中求统一，创造一个符合目的功能的美的形式。

矛盾是绝对的，调和是相对的。对比与统一法则是美学法则的一个重要方面，在工业造型设计中，任何设计对象都要保证其各个要素构成一个有机、有秩序的整体，包括功能要素、使用要素、舒适及安全要素、材料工艺要素及环境要素等。这一切要素在统一的设计规划下，用对比统一的规范与秩序进行协调配置，使设计产生整体效应。

对比与统一是并存的，因此在设计中常采用表现手法的一致、线条材质的统一、色彩的和谐来实现整体性效果，或尽量增加形、色、质等共同因素，而又保持一定的变化，来实现多样统一的目的。虽然形状、功能不同，但是通过统一的色彩和图形变化使其形成系列（见图 3-1）。简单、完整的造型，因为色彩和材质的对比而充满时尚与活力（见图 3-2）。

图 3-1　卫浴小套件

图 3-2　材质与色彩的对比统一

（2）平衡与不平衡

所谓平衡主要是指心理上的重量感是否取得了平衡，是一种模糊的视觉效果。人类社会中的大多数事物都是对称平衡的形态，包括人本身。因此平衡的造型给人的感觉是熟悉的、稳定的，带有类似于统一的效果，而不平衡则正好相反。平衡给我们的生活带来无限色彩，使设计充满动感。但过分地追求平衡会使形态缺乏生气，显得呆板；而过分的不平衡又会产生失衡，破坏造型美的原则（见图 3-3、图 3-4）。

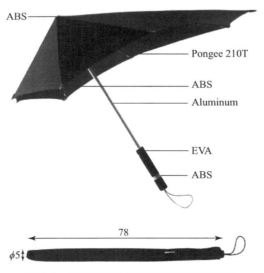

图 3-3　既颠覆雨伞呆板造型又实用的雨伞

图 3-4 打破平衡动感十足的音响

（3）节奏与韵律

把造型要素沿空间不断按某种规律重复，形成视觉上的整体律动感，从而形成画面多样与统一的完美结合。同时，不同的节奏与韵律变化可以表现出不同的情绪变化。节奏与韵律包括形态、大小、位置、方向、色彩等（见图 3-5、图 3-6）。

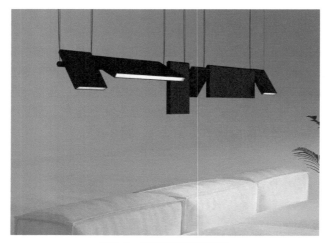

图 3-5 富有节奏感的灯饰

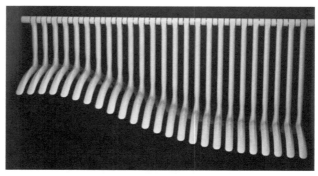

图 3-6 韵律感很强的衣架

（4）比例与安定

完美的比例关系体现物体稳定的秩序感，而安定就是形态要素构成的对象在视觉整体效果上取得良好的配合。按键、屏幕与产品整体的比例关系处理会影响整个产品的效果（见图 3-7）。

图 3-7　按键、屏幕与产品整体的良好比例

3.2 形态审美过程

人们认识形态不仅仅是依靠眼睛，人体的其他感觉器官都会帮助眼睛完成对产品形态的"全面观察"。很多形态会通过主动向你的感觉系统发出信息，来展现它的存在，但是需要我们更深层次地去感知才能发现形以外的内容，眼睛只能看到表象，人们接触到事物后更多的是心理活动。这些内容与外表有着密切的联系，虽然它们是无形的，但会影响和左右着人们对产品的感觉。下面来看一下形态审美过程的各个方面对形态设计的影响。

3.2.1　形态审美的心理过程

设计服务于人类的生活，根据人类自身的发展需求而产生，为了解决自身的某一问题或事物而设定，一切都围绕着"人"的存在而存在，其生存和发展的价值完全取决于人的情感因素。设计的变化涉及人类的多种情感，诸如喜、怒、哀、乐，以及五官的视、听、触、嗅、味等感官因素，还会涉及人的个体差异，心理与生理的差异，环境、地域、社会因素的差异等。

人们需要美的形态设计，设计师就要从人的审美心理出发探究形态设计反映的心理特征。下面我们来了解一下消费者审美心理的全过程。消费者对产品的认可和欣赏一般是在瞬间完成的，却包含了几大要素：注意、感知、联想、想象、情感和理解，各种心理因素之间是彼此联系和相互影响的，每个心理因素都在其中发挥着积极作用。也就是说，满足了人的审美需求，作品就会被人接受；设计被人欣赏，就是"好"的作品，所设计的产品就会有市场。

由此可以看到，对于一个产品形态，通过眼睛能够很清楚地注意和感知其外形特征，甚至能更进一步地感知其比例尺寸和表面的材料特性及肌理变化。通过注意和感知对外界形态就有了一个认识，能够判断其是美的还是不美的。这就是审美心理过程的前两个阶段。

但人们对事物的认识往往具有主观性，同一件作品会有人赞美，也会有人不屑。正如欣赏"设计鬼才"菲利普·斯塔克的经典作品一样，人们或赞美，或厌恶，他的作品很少能激起人们的中性反应，这也是其作品让人惊叹的缘由，不断超越和探索，不遵守任何规则，却让人耳目一新。不同的感触是因为人们对某件作品的认识受他们的审美心理活动影响，这就是审美过程的后四个阶段：联想、想象、情感和理解。而表现在审美方面的差异，主要是受人们的教育文化水平、艺术修养与社会经历、兴趣爱好，甚至社会环境等因素的影响。可见，人们在对形态的认识过程中受审美心理活动的影响是很大的，如图3-8中的三款吹风机，虽然功能相同但形态却完全不同，不同的形态给我们带来的感受不同。前两款是较早的产品，体量的大小区别让消费者体验到不同的使用感受；而第三款是较新型的吹风机，给我们的感受是小巧轻便，又富有时代感。

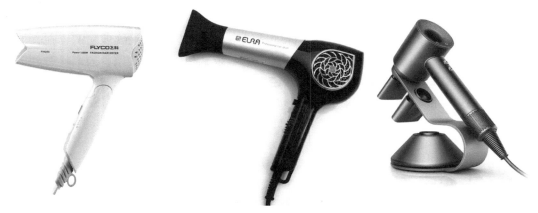

图 3-8　不同形态的吹风机

3.2.2 能够吸引人的"注意"

注意是审美评价过程最重要的因素之一。"注意就是心理活动对一定对象的指向和集中。指向性和集中性是注意的两个特点。注意的指向性就是一种选择性，需要受众把看到的事物主体从众多纷杂的事物中挑选出来；集中性就是要把全部的心理情感集中到所选的事物上。"注意的产生又分客观与主观两个方面，客观方面就是指事物的特点能够吸引受众，如突出鲜明、变化丰富、新颖创新等；主观方面就要看受众的心境和情趣变换。

形态设计首先要引起人们的注意，只有引起了受众的注意，并且能保持相当一段时间的注意稳定性，才能让受众把感知、联想、想象、情感、理解等诸多心理要素集中于面前的设计当中，才会慢慢品味并接受该设计作品。

那么形态如何才能得到受众的注意呢？

① 增大形态要素间的对比强度，可以是材料的对比、线条的对比、色彩的对比等。

② 增强形态的动感，创造能产生心理动感的形态。

③ 通过局部加工增强形态的指向性，使消费者忽略过多细节，更集中地注意特定的对象。

④ 提高形态的创新意识，利用新的形态使消费者产生"喜新厌旧"的心态。

3.2.3 让受众"感知"

感知是审美心理的基础，它包含感觉（事物直接作用于人的感觉器官，在人脑产生对事物的个别属性反应）和知觉（在感觉基础上对事物的综合整体的把握），感觉是知觉的基础，知觉是感觉的深入，二者交互在一起共同发挥作用。审美感知看上去是瞬间完成的，但它是受众的一种积极主动的心理活动，包含了受众全部的生活经验、文化修养等。

当受众面对产品形态时，必须要直接感知对方，感知产品的色彩、形状、材质等直观要素，这就需要设计师在设计时，注意对产品形态要素的把握，也就是说，我们的设计要易于被人们感知。

① 设计表现体量感便于受众感知，通过形态人们可以感受到心理量感。相同体积的产品虚实变化的不同带给我们的心理量感是不同的，引起心理量感的要素有很多，包括形态、色彩、肌理、材料、结构、空间等。

② 调和色彩与材质在视觉上可使产品产生美感。为了达到调和的目的，各要素间的统一仍是必要的，如色相的配合、调子的配合及明度的配合，皆能产生调和。在材质上如表面的粗糙、细腻与材质块的大小均会产生调和感。

3.2.4　给人联想空间

联想是指由一件事物想到有关的另一件事物，或由想起的一件事物引出而想到另一件事物。联想在审美心理过程中有着不可忽视的作用，既是人们审美过程的一部分，又是形态设计的心理特征之一。通过联想可以使产品形态更加鲜明生动，使我们感知的事物更加丰富多彩。另外，联想也是以过去的生活经验来诠释现在的生活经验。

"联想是知觉和想象的基础"，很多艺术创作和设计都离不开知觉和想象，从这一意义上讲，形态设计也离不开联想。事实上，不少设计师正是利用了"联想"这一创造性思维活动，发明了不少实用的形态；同时，也利用"联想"这一人们普遍的心理活动特征，创造了不少耐人寻味及引起人们美好联想的形态。例如，通过仿生或模拟自然形成的形态能使人感到亲切与自然，通过形态、材料、质地和结构方面的设计与变化使人产生振奋、进取、发展、运动、古朴、现代、优雅、富丽等感觉。而对形态的比例、尺度、体量、空间等的规划与确定，使人产生庄重、活泼、厚重、轻巧、崇高、秀丽等联想。

人们对未来的憧憬其实很多都基于记忆，通过对记忆的提炼、删减和组织积累了大量联想的素材。一首歌、一幅画、一次初恋的体验、一段旅行中的风景……它们会在其后的岁月中随机浮现。为什么你喜欢这款产品？因为你和恋人曾经一起看到过类似的形态，你们希望有一天也能拥有；为什么你那么执着地喜欢绿色？因为你被大自然的绿色陶醉过，你每每看到这个色调就会想到自然界的美轮美奂和那愉快的旅行时光……一旦沉入记忆的长河，就会在未来的某一刻对抉择潜移默化地产生影响。

总之，通过联想，设计师将获得更为宽广的设计天地，产生极其丰富的立体形态。同时，借助这些立体形态又把人们的思维带进联想的空间。

3.2.5　让想象引起共鸣

消费者对产品的接受不是被动的、消极的，而是运用想象和其他心理功能对产品进行积极的再创造。设计师就更不能离开想象，设计师要通过想象创造出引导消费者消费时尚的产品，让受众看到设计作品可以进行主动想象，积极主动地想象到拥有产品后的生活情景，以此打动消费者，增强购买欲。

产品的创新性需要充分的想象力，具有创新性的形态，除了能给人以新颖和独特的感觉外，往往能体现出设计师巧妙的想象力和强烈的创新精神。因此，具有创新性的形态总是包含着一种特殊的美感，它能振奋、激励人的精神和意志，唤起人的求知欲望，同时带动消费者的想象以产生共鸣。

想象也并非凭空而来，所有能带来想象的形态都基于现实生活，在生活中都能找到它们的原型，经过设计师的提炼加工具有更强的艺术性。想象是受众在过去感知的基础上对看到的形态表象进行加工、改造，从而在心中创造出的新形象。

3.2.6　给受众以美好的情感记忆

情感是指产品能够引起受众积极的或消极的情绪状态，从而作为稳定的情感固定下来。情感在审美过程中具有非常重要的作用，好的产品可以激发美好的情感，间接暗示受众美好、积极、肯定和向上的情感常常会使受众敞开心扉，在这种状态下对信息的接受、记忆都比较容易。

在美好的情感记忆、精神愉悦中满足需求，从而满足产品与消费受众真正意义上的物质消费与精神需求的互动。通过采用多样化的情感表达形式和手段对不同消费层的受众进行设计与引导，以期满足消费者的某些情感需求，对产品产生美好的回忆。审美过程和评价过程往往是多种心理因素的统一体，这些因素不是机械的罗列，而是通过情感作为中介，形成完整有机的整体，因此能给受众带来美好情感记忆的产品往往都是美的产品。

3.2.7　易被人们理解和接受

理解是逐步认识事物的联系、关系直至认识其本质、规律的一种思维活动。理解包括直接理解和间接理解。在产品评价中，所谓直接理解就是没有经过中介，受众通过亲身经验实现的理解；间接理解是借用前人的经验和自身以往的经验，通过分析综合、抽象概括等中介思维来实现理解。不论哪种理解方式，都是审美过程不可或缺的要素。

易用性是产品设计中重要的设计因素之一，设计出用户看得懂、知道怎样使用的产品是十分重要的。使用上的便利性并非偶然，为了让新产品使用起来不费力，设计师需要精心地设计与考虑。产品易用可以减少差错可能造成的损失，并且大大提高产品的使用效率。设计者要为用户设身处地地考虑，突出产品该有的可用性，自然产品就容易被理解和接受，从而提升消费者对产品好的评价。

3.3 形态设计的心理特征

设计师究竟怎样才能创造出令人爱不释手的产品呢？又是如何表现精神美引起消费者共鸣的？除了掌握必备的非凡设计技巧外，掌握心理特征是最为关键的。深刻体会形态带来的心理特征，在设计时可以明确不同形态能表现什么，能产生何种效果，通过什么样的技巧来实现。

3.3.1 力感

力是一种看不见的东西，人们对它的感知只能凭借某种形态的势态。由于看不见，力总是给人以一种神秘感而吸引着人的心理。

当消费者将注意力集中到形态的变化部分，并意识到这种变化是来自形态内部或外部的力量时，也就使形态产生了"力感"。

自然界中的事物都受到不同的内力或外力影响而变换着，像来自地壳内部力量带来的山体变化，岁月蚕食过的残垣断壁，还有符合自然规律不断生长变化的生命，这些都是体现着力量的现象。自古至今，人们对力都有着一种天生的崇拜，具有力感的形态总是给我们带来巨大的吸引力和震撼力。

中国故宫的太和殿、古埃及的金字塔都可谓是古代人深刻领会了力感内涵后的杰作。太和殿坐落在紫禁城对角线的中心，整个建筑造型宏伟壮丽，庭院明朗开阔，体现出威严的力量，象征封建政权至高无上；金字塔高高矗立在茫茫沙漠之中，形态简洁有力，底部基座宽广、稳定，四面体的斜边在蓝天下汇成一点，把人们的视线引向高空，同样象征着权力的至高无上和统治的不可动摇（见图 3-9、图 3-10）。

图 3-9　故宫太和殿

图 3-10　古埃及金字塔

千百年来人们评论中国的书法，总是离不开一个"力"字，书法可以说是一种力的表现艺术。"苍劲有力""骨法用笔"都是对书法力感的赞誉之词。书法的力感一是表现为点画自身的重力感、结实程度等；二是表现为结构之间的连接之力，主要指点画形状及相对位置带来的力感。力感是书法艺术的生命，是书法艺术的本质特点之一。富有力感的作品之所以具有美感，正是由于它能使欣赏者在静止的字形中领略到来自作者内心生命的运动。一幅好的书法作品往往让我们感受到一种一泻千里的气势。

在产品形态设计方面，对于力感的表现往往体现在线形的速度感、方向感，形体的体量感，材料的质量感等方面。

在一个单纯的形态上施以一定的力使其变形时，这个形态就有了生命力。所施加造型的变化越简洁、越恰当，就会产生越明快的力的动感来。相反，如果施加多方向的力，那么它们内部的力与外部的力就会发生冲突，而容易使形态变得过于复杂，而当一个形态太复杂时，人们就不能从中把握其心理的量感来。原因在于人们要把基本形态与变形后的形态做直观的比较，并在两者之间判断出位置或形态的差异，想象是什么力量改变了它正常的位置或形态。而太多复杂的外力干扰，就影响了人们的判断。所以，当看到没气的球时，就会想到它饱满充盈时的状态，接着会联想或想象是什么外力使它变成现在这种状态（见图 3-11）。

图 3-11　力感的变化

从图 3-11 中我们可以看到，当均匀饱满的圆形受到单一外力的时候，能够感觉到力的方向，而当施加的力过多时形就会变得复杂没有头绪。

人们对事物产生的联想与想象具有一定的规律性和普遍性，因此对不同形态的变化可以感受到不同的力感。例如，看到饱满的形态就会给人们带来向外扩张的力感（见图 3-12）；看到垂直的形体就会产生向上的动感（见图 3-13）；倾斜的形体会带来向前的动感（见图 3-14）；弯曲的形态会充满弹性感（见图 3-15）。

图 3-12 饱满的形态

图 3-13 垂直的形体

图 3-14 倾斜的形体

图 3-15 弯曲的形态

3.3.2 通感

人是首先通过感觉来认识外部世界的。人的感觉必须通过人的视觉、听觉、嗅觉、触觉等直接感知，但人们日常生活中的各种感觉往往是相通的，如听觉可以去表现视觉，视觉也可以去表现听觉。这种交错相通的心理体验可称为通感。"大珠小珠落玉盘""三月不知肉味"都是感觉互换带给我们的美妙词句，使描绘的情景更加引人入胜、耐人寻味。

不论平面的美术作品还是立体的雕塑作品都是一首凝固的音乐。它们通过线条、色彩或形体的变化达到深浅、起伏、转折的效果，这些变化必定符合层次丰富、韵律变化优美的美学规律。而这一点和音乐创作上追求音色的韵律美是相通的。

艺术是相通的，因此设计师必须广泛地吸收其他艺术营养，来不断补充和提高自己的艺术修养，以此来拓宽自己的设计视野，提高形态设计的文化、艺术内涵。

3.3.3　求新与创新

求新、创新是人的本质。人类社会就是从人们不断求新和创新的过程中发展起来的。

求新是人的天性。在人的一生中，人们总是不断地摒弃旧东西，渴望新事物。因此，当一件新颖的产品形态出现时必定受到人们的关注。

求新的心理发展是伴随着人的成长过程而发展的。幼年孩子搭积木就是一个很好的佐证。一个刚完成的建筑，或许花上了一两个小时的辛苦劳动，顷刻之间就会被不满的小手推倒。推倒、重搭，实际上就是求新与创新在幼小心灵中的反映。

"衣不如新，人不如故"，新的衣服、新的物品在使用一段时间后就感到不那么新鲜了。当人类社会发展到一定阶段，物质生活水平达到一定高度后，就开始了"物的新旧交替"，人们以新的东西来代替旧东西。其实，即使经济条件不允许，人们仍会保持这种求新的欲望。因此，求新是社会中普遍存在的心理现象。

求新可以看作创新的基础。人们有了求新的欲望，才能有创新的动力。俗话说："不破不立。"只有在不断否定旧的东西的基础上，才有获得创新的可能性。

在立体形态设计过程中，要使设计出的形态符合人们求新的心理，可从下列几个方面入手来取得形态的新颖感：

① 充分了解消费者的兴趣爱好、生活习惯及不同消费者的生活环境与性格特点。

② 关注政府政策导向、法律法规，社会观念的变化，时尚发展脉络，了解并关注引起这些变化的因素。

③ 在不同思路、不同风格的形态设计上下功夫。关注新材料、新功能、新结构、新工艺给形态设计带来的创新变化，以及考虑运用新的能源是否会给形态带来变化等。

3.3.4　形态展现个性

个性是一个区别于他人的，在不同环境中显现出来的，相对稳定的，影响人的外显和内隐性行为模式的心理特征的总和。富有个性的形象才能突出，才能引起人们的注意。所谓"鹤立鸡群"就是对个性的形象描述。

个性心理特征就是个体在其心理活动中经常地、稳定地表现出来的特征，主要是指人的能力、气质和性格，它决定了消费者消费行为的个性化选择。

消费者追求个性是人们在审美心理过程中的一个重要特点，是表现美的更高层次。例如，在购买手表这类商品时，消费者往往会把产品与自己的身份地位和审美追求表达出来。一些年轻人为了充分表现出与一般人在文化水平、艺术气质、生活修养等方面的不同，常常在穿着打扮或选购物品时对某种形状或色彩进行刻意的选择，以形成自身的个性特征（见图 3-16～图 3-18）。

图 3-16　趣味台灯

图 3-17　个性咖啡杯

图 3-18　个性饰品

艺术家和设计师在创作时也会赋予作品一定的个性特征，这种追求个性特征的现象是普遍存在的，他们会为了形成自己的艺术风格与个性而奋斗终生。

在德国功能主义风靡之时，设计师卢吉·科拉尼身体力行，把尊重自然生命的仿生学运用到设计中，自由的造型增加了更多的趣味性（见图 3-19）。而建筑大师柯布西耶不论"二战"前还是"二战"后，不论追求平整光洁还是转向追求粗糙苍老的原始趣味，他的作品在建筑界始终处于领先地位，其建筑风格影响全世界（见图 3-20）。

随着世界现代化进程的发展，世界各地之间的交流也日益便捷与密切，人们在生活、文化、习俗等方面的差异也将缩小，但人们追求艺术个性的心理不会改变。因此，在现代设计中仍要强调个性化。然而，这种个性化的设计不是一朝一夕能解决的，它必须在继承和发展传统文化的基础上，以创新求异的精神为先导，不断开拓思路，大胆进行实践，在长期的艰苦训练和积累的基础上得以形成。

图 3-19 卢吉·科拉尼的仿生作品

图 3-20 柯布西耶的建筑作品

3.4 形态设计的视觉美学特征

　　创造新的形态不是最终目的，关键是要创造美的形态、消费者能够接受的形态。要创造美的立体形态，必定要借鉴美的形式原理。应熟悉和掌握形态的基本内容和构成规律，根据特定的要求去创造美的形态。

　　前面讲到的形式美的原理就是人们在社会实践中长期积累起来的美的经验，它适用于各类艺术创作。因此，熟悉和掌握形式美的基本原则是创造立体形态美的必要基础。部分具有视觉美学特征的产品见图 3-21。

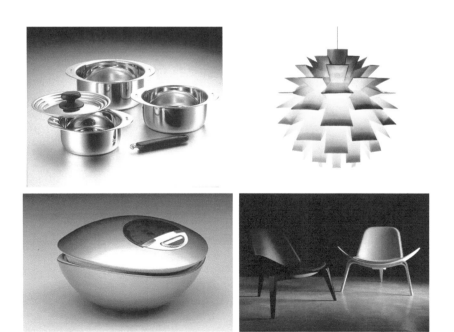

图 3-21 部分具有视觉美学特征的产品

各类艺术都有其自身的创作规律和美学特征，产品的形态视觉美学特征也会在美学原理的基础上具有其自身的特点。

3.4.1　形态的整体感

前面讲到消费者看到产品首先的心理活动是注意、感知，而在此过程中有一个著名的"整体意象优先性"原则。"整体意象优先性"原则是指人们观察一个物体时，在感知过程中对其整体做出快速扫描后获得形状及样式的整体印象，然后才有细部的观察，而通常前期的认知过程即具有整体意象的优先性。这一原则包含三个含义：视觉前期所感知的形态是整体的而不是视觉形态中的细部内容；发生在视觉感知形态的最早阶段；比后续的注意力专注阶段具有优先性。

例如，可用图3-22来测试这一原则。人们首先看到的可能是一个老头的正面脸部特写，也可能是海中的美人鱼，但由于整体意象优先的原因，人们无法同时感受这两个图像，当首先感受到一个图形后，就可以继续了解图像的细部内容了。

图 3-22　老人脸与美人鱼的结合表现

了解了整体意象优先原则，就能感觉到整体性在产品形态设计中的重要性，但是注重整体也不能忽视细节，因为细节是组成整体的首要条件，没有细节也就谈不上整体，最吸引人的产品往往拥有具有丰富细节的形态。因此具有整体性的产品一般具有以下特点（见图 3-23 ～图 3-25 ）。

① 整体产品形态特征明确、简洁、个性化强，能给人较为深刻的视觉印象。

② 产品形态细节丰富，但各部的形态变化均有一定的内在联系，使之能形成视觉上的统一。

③ 产品给人的第一感觉是产品的整体特征而不是哪一个细节。

图 3-23　流畅的线条形成整体感　　　　图 3-24　不带多余装饰的旅行箱

图 3-25　把手与刀刃的完美结合

3.4.2　简洁的形态会引起人们的注意

简洁的形态是指形态设计语言清晰明了，造型形态单纯真实，不哗众取宠。采用简洁而独特的形态，给人一种强烈的现代感、视觉冲击感和舒适感，能引起人们的注意并让人难以忘怀。这种手法不靠功能技术而主要靠形态的视觉冲击来表现。

（1）简洁的产品形态具有吸引力

人们在感知立体形态时，对具有简洁形态的产品总会产生很强的注意力，人对简洁的形态更容易记忆。为什么卡通图形更容易受到人们的喜爱，就是因为它们简化了原型，去掉了很多繁杂的细节，更容易被大众所接受（见图 3-26）。产品设计也是如此，简洁的造型更能引起消费者的注意（见图 3-27）。

图 3-26　卡通猫与真实猫　　　　　　　　　　图 3-27　简洁形态和复杂形态的对比

（2）简洁的形态具有时代特征

形态随着时间的变化也在不断地简洁化，简洁的形态和结构、清晰流畅的线条，不仅能反映现代设计的理性思维，而且能体现当今社会人们趋于感性的思维方式，同时还能折射出产品所蕴含的现代化、高科技的时代特征。

随着社会进步、科学技术的发展，产品的结构功能变得更为简洁，生产工艺更为精密，新材料的不断涌现为简洁的形态创造了条件；同时，在消费层面，消费者的生活方式、生存环境、工作状态等方面都在发生变化，也使得人们对产品形态方面的诉求逐步趋向简洁性。人们更愿意在激烈的生存环境中使用更加简洁的产品，使心情得到放松（见图 3-28、图 3-29）。

图 3-28　简洁时尚的 iMac 电脑　　　　　　　图 3-29　具有东方韵味的简洁形态

3.4.3　细节决定成败

"细节决定成败"，"天下大事，必先于细"。IT 产品同样需要精益求精，才能得到消费者的认同和喜爱。在同质化日益严重的今天，各企业在产品、技术、成本、设备、工艺等方面的差异越来越小，为了在竞争中取得优势，企业越来越注重细节上的竞争。它们知道产品要想获得成功，首先应该做好各方面的细节工作，特别是在新产品开发与设计中更应关注细节、重视细节，好的细节设计将为产品带来意想不到的成功。

（1）简中有细

简洁的形态要有细节，否则我们看到的产品只是轮廓，就像我们画效果图远优于思考类的草图，如果想要更深入、更生动，就要完成细节描绘。

太简单的形态和太复杂的形态很难对人产生吸引力或使人产生愉快的感觉，而能对消费者产生吸引力或使其产生愉快感觉的形态往往是视觉复杂程度中等的形态（见图 3-30、图 3-31）。

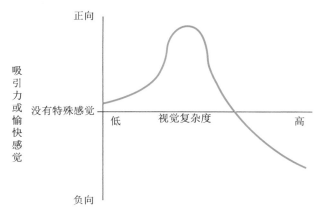

图 3-30　形态复杂程度与吸引力的关系

图 3-31　适度的简洁形态具有吸引力

（2）注重整体也不能忽视细节

细节是组成整体的首要条件，只有产品形态细节丰富，各部分的形态变化均有一定的内在联系，才能使之形成视觉上的统一整体。

产品的细节设计不仅需要考虑技术和工艺的完美结合，还需要充分利用人机工程学原理，使产品设计更具人性化和实用性。失败的产品细节设计不仅浪费企业本身的资源和时间，还可能影响企业未来的市场竞争。要使自己的产品更具生命力和竞争力，就要充分考虑可能影响消费者选择的各种细节问题。

图 3-32 中的左图缺少控制部分的细节，对比右图添加细节后同样简洁的形态来看，通过细节的添加能给产品形态带来饱满的美感。

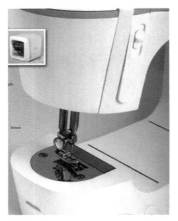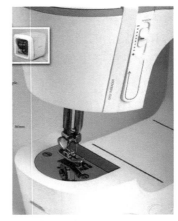

图 3-32　无细节的形态与有细节的形态的区别

（3）不同形态带来的体量感

一个产品其要素的不同会带来不同的体量感，如体积大小、色彩变化、结构材料等。反之，产品的体量感也决定着产品要素的科学性与合理性。例如，我们常用的鼠标，如果在体量上超出了手的使用范围，或太大或太小，则除了影响使用的功能外，在视觉上也是滑稽可笑的。因为在人们长期的使用中对它已经形成了一种相对范围的体量概念。由此可见，在产品形态的设计中，形态的体量感也是设计师需要研究的重点。

形态的体量感包括两个方面的内容：一是体积感，二是重量感。

① 体积感：决定体积感的要素往往是形态的体积大小、色彩和材料质感、形态所占据的空间位置大小等。体积越大，占据的空间位置越大，体积感越强；反之，体积感越小。在色彩上深色往往比浅色给人们带来的视觉体积感小，因此很多胖人喜欢穿深色系的服装。

② 重量感：形成形态重量感的因素有两个方面，一是物理特性带来的重量感，二是心理变化产生的重量感。

物理特性带来的重量感通常来自形体自身大小、材料质量等因素。例如，相同材料的形态，体积大的要比体积小的重；而相同形态，金属材料要比塑料看上去重，石材要比木材重等（见图 3-33）。

心理变化产生的重量感是指人们在感知某一形态后心理所产生的重量感。例如，方体与球体放在一起，即使体积一样，球体也要比方体感觉重；中空的形态一定比实心形体感觉轻；由线面材料组成的形态显得比块材轻盈有弹性，曲面构成的形体要比平面构成的形体感觉重等。引起心理体量感的要素有形态、色彩、肌理、材料、结构、空间等。

图 3-33　具有体量感的音箱

在图 3-34 中，我们可以明显感觉到深色比浅色重，深色体积感似乎更小。

图 3-34　色彩带来的体量感

3.4.4　形态变化带来的运动感

视觉会使人们体验到一件艺术品或产品中的不动之动，这就是动感。康定斯基曾经说过："它们身上包含着一种具有倾向性的张力。"消费者在不动形态中感受到了运动或具有倾向性的张力，体验到这种动感所具有的内在情感。

带有动感的艺术品往往有很强的吸引力。动感的塑造在产品形态设计中有着不可忽视的作用。因此，设计师往往会通过对产品外观形态的动感塑造，将设计情感更加准确地传达给消费者。

线、面、体的扭曲转折变化是创造动感的基本要素。立体空间的节律变化，线形的方向感、流畅感，机构的运动装置，结构的连接、组合方式等都能为形态带来动感。形态设计中，往往利用一些具有动态的设计要素来加强形态的运动感（见图 3-35 ～图 3-37）。

图 3-35　动感十足的流线型飞机

图 3-36　线条具有明显方向感的汽车

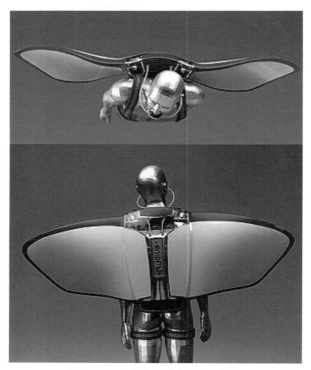

图 3-37　符合空气动力学的飞行翼

3.4.5　形态设计的秩序

秩序是产生美感的基础，是符合客观审美的一定的规律。在形态构成基本规律里大家知道，符合规律的形态往往具有美感，正是因为它具有规律性。"规律"具有美感，因为规律本身就是一种秩序。

当然强调秩序并不是指千篇一律或一成不变。秩序是在各种变化的因素中寻找一种规律性和统一性，如在变化中寻找统一，在矛盾中寻找和谐。在形态设计中，强调秩序是追求一种有规律、有秩序的整体美。

在形态设计中，大部分的形态都是由各种简单的几何形态构成的。这些几何形态都有着各自的特征，必须按照一定的秩序和规律构成，否则就会显得杂乱无章或缺乏整体的特征。按照规律来进行设计就能获得抽象美的经验与体会，对产品形态设计有着十分重要的作用。

总之，在形态设计中，遵循造型的基本规律，就会给整体形态带来秩序井然的感觉（见图 3-38）。

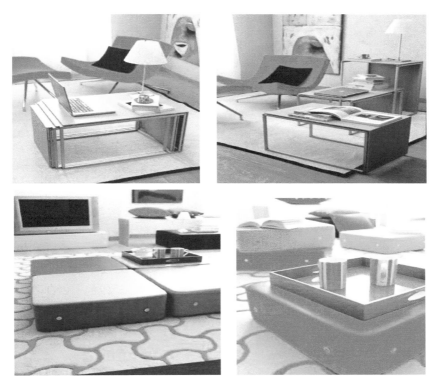

图 3-38　有秩序感的家居

3.4.6　形态的稳定感

形态的稳定感是形态构成的基本要素之一，缺乏稳定感的立体往往会造成人们心理上的紧张感，影响形态的美感。然而有时候人们往往利用这种视觉上的不稳定感，创造出出其不意的形态。

形态视觉上的稳定与物体的重心有关。通常，如果物体的重心超过物体本身的 1/3 以上就显得不稳定。因此物体的重心越高，就越不稳定；反之，则越稳定。要获得视觉上的稳定，一般采用扩大形态的底部，以获得降低物体的重心的效果。

有时候物体的结构也会对物体的稳定产生影响。如图 3-39 所示的台灯，在重心上极不稳定，但是在底座上加上重量就能牢固地放在桌面上，还有一些台灯可通过固定结构固定在桌面或墙壁上。在产品设计中，很多产品正是通过一定的结构形式来获得稳定性的。

图 3-39　利用视觉上的不稳定带来形态变化的台灯

　　缺乏稳定的物体会影响形态的美感，但过分强调稳定也会导致形态的笨重与呆板。设计师在进行形态设计时，一定要把握好形态的稳定与不稳定的关系。在保持形态物理稳定性的同时，不失时机地创造形态的"不安定因素"，使形态轻巧、生动。反过来，在追求变化、灵巧时，又要考虑形态的安定与平衡。

　　另外，材料、结构和工艺等造型要素对形态设计的稳定性也会产生影响，在产品形态设计中要借助"对称与平衡""安定与轻巧"等设计美学原理处理好"稳定"与"轻巧"的关系，使形态在视觉上获得新的平衡（见图 3-40 ～图 3-43）。

图 3-40　平衡稳定的洗衣机　　　　图 3-41　稳定轻巧的案几

图 3-42 "头重脚轻"的容器　　　　　　　　图 3-43 随时会"滚动"的容器

3.4.7 独创性是形态设计永恒的主题

追求艺术设计的独创性是人们求新、求异的本质反映。在市场上，人们总是特别青睐那些具有独创性的产品。

独创性原则实质上是突出个性化特征的原则。鲜明的个性是艺术设计的灵魂。一个单一化与概念化的产品形态，很难引起消费者的注意，也没有多少可感知度，更谈不上出奇制胜。因此，要敢于思考，敢于别出心裁，敢于独树一帜，多一点个性而少一些共性，多一点独创性而少一点一般性，这样才能赢得消费者的青睐。

具有独创性的形态，除了能给人以新颖和独特的感觉外，更重要的是它能体现出设计师的创作个性，设计师巧妙的构思和强烈的创新精神都在这一形态上体现得淋漓尽致。因此，具有独创性的形态总是包含着一种特殊的美感，设计师通过这种美感形式振奋、激励人的精神和意志，唤起人们对未来生活的追求。

强调形态设计的独创性不能单纯地求异、求怪。形态的创新必须科学、合理，还要进行大胆的探索和实践，它要求设计师在设计构思时必须尽力摆脱传统思维模式的羁绊，在学习中逐步形成强烈的创新意识。

产品形态独创的两种表现方式如下。

① 通过形态的新颖感体现创新。主要体现在形态外形特征变化明显，在一定时期内与其他同类产品相比个性强烈。如早期的倾斜滚筒洗衣机造型就给人带来一种创新科技感的气息（见图 3-44）。

图 3-44　造型新颖的倾斜滚筒洗衣机

② 结构、材料的新颖性也能体现形态的独创个性。这主要包括利用新的组合方式、连接形式、新材料、巧妙的机构形式和能源利用方式等方面（见图 3-45）。

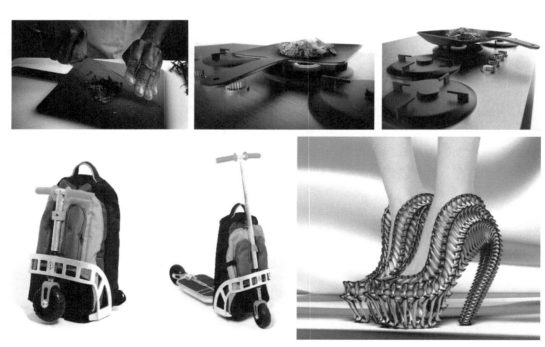

图 3-45　材料的新颖性带来产品创新

3.5 创新形态设计需要注意的问题

在当今的"创新时代"，创新是工业设计的核心，创新是目的也是手段。工业设计注重创意的过程，并以创意为引导完成设计成果。创意使产品具有明确的功能属性，并且还体现着设计者所倡导的精神内涵，实现了设计的意义。

创意不仅是一个艰难的过程，而且举足轻重，在整个设计过程中，后续的一切工作都需要明确的创意定位来引导。因此，把握好创意方法和注意事项将对设计起到重要的作用。

3.5.1 形态设计要加强创新意识

所谓创新意识，是人们对创新与创新的价值性、重要性的一种认识水平、认识程度及由此形成的对待创新的态度，并以这种态度来规范和调整自己的活动方向的一种稳定的精神态势。

创新意识总是代表着一定社会主体奋斗的明确目标和价值指向性，设计师在思想上有强烈的创造欲望和对一切新事物的敏感性，对新事物的追求从不满足。要相信人的创造力是无穷的，思想的空间也是无限的，只要愿意打开创意思想就会产生奇迹般的创造结果。作为一名设计师，不要仅仅满足于把事情做好，关键是要做得不同凡响；不要迷信过去的东西，事物总是发展着的。任何事情都有被改善或超越的可能。

3.5.2 打破思维定式

思维定式就是按照积累的思维活动经验教训和已有的思维规律，在反复使用中所形成的比较稳定的、定型化了的思维。思维定式容易让我们养成一种呆板、机械、千篇一律的思考习惯，往往会使我们步入误区，墨守成规，难以涌出新思维。所以在产品的形态设计中，要获得好的创意或具有吸引力的产品形态首先必须冲破思维定式的束缚（见图 3-46、图 3-47）。一味地墨守成规或照抄照搬别人的东西都不可能获得好的创意。

要打破思维定式，除了在思想上要树立敢于突破习惯思维模式的创造意识外，还要借鉴一些创新思维方法来获得设计方面新的切入点，尝试创新，从不同角度思考问题，培养多元思维和逆向思维。

图 3-46　突破了方盒形状的投影仪　　　　　　图 3-47　风格独特的手表设计

3.5.3　提倡多元化思维

产品形态的创意过程中，光靠严密的逻辑推理或理智的分析很难获得具有感染力和出人意外的形态结果。同样，一味地依靠对艺术的冲动也不可能得到科学合理的产品形态。

这是一个创新的时代，多元化思维是创新的基础。因此在新的时代里设计师应该培养多元化思维。

那么，如何培养多元化思维呢？

首先要改变自己的生活习惯，打破固定的生活模式，让生活不再单调；其次学会观察，学会随时、随地观察并在观察中受到启发，从而提出创造性的思路，这是多元化思维的一个重要方式；最后开阔视野，了解更多知识，为多元化思维取得素材。

产品形态创新是一个十分复杂的过程，它的多元化思维除了包含逻辑思维与形象思维外，还包括了想象、联想、直觉，灵感、顿悟等非常规思维现象。

（1）想象思维

人能够创造出现实中不存在的形象，艺术创造就是发挥了人类这种丰富的想象力而产生的结果。想象是在头脑中改造记忆中的表象而创造新形象的过程。客观现实是想象的源泉和内容，也是把过去经验中已经形成的那些暂时联系进行新的结合的过程。

想象分为下列几种。

① 没有特殊目的、不自觉的"无意想象"。

② 带有一定的目的性和自觉性的"有意想象"。在有意想象时，人给自己提出想象的目的，按一定的目的进行想象活动。

③ 根据语言的描绘，在头脑中形成事物形象的"再造想象"。

④ 不依据现成的描述而独立地创造出新形象的"创造想象"。

（2）联想思维

联想思维是依据过去的生活经验，从看到的事物中得到启发，找到其类似性而进行的思维形式。

联想有以下几种不同形式。

① 因时间、空间上的接近而将事物联想起来的"接近联想"（见图 3-48）。

图 3-48　看到藻井联想到的敦煌壁画

② 将具有类似特征的现象联系起来的"类似联想"。仿生形态就是类似联想的结果（见图 3-49）。如见到绿色就联想到草的颜色，见到橙色就联想到阳光（见图 3-50）。

图 3-49　青蛙形开瓶器　　　　　图 3-50　色彩产生的类似联想

③ 将两种对立的事物联系在一起的"对比联想"，如光明与黑暗、冷与热、红色与绿色。

④ 见到某种事物，就想到该事物的意义与其他事物的关联的"意义联想"，将具有因果关系的事物联系起来想象。如由冰联想到冷，由火联想到热。

（3）直觉思维

直觉是一种无意识的思维，直觉像是思维的"感觉"，用直觉能够认识事物的本质和规律性。直觉可以说是思维的洞察力，一种对事物高度敏锐的判断力。高度的直觉能力来源于个人的学识和经验及环境的影响。对于形态设计来说，有时直觉会给形态创造指明方向。

直觉有以下两种不同表现形式。

① "判断性直觉"，当有问题出现时，能迅速正确地做出判断。

② "预见性直觉"，它是一种对未来的判断力。未来的形态会朝哪个方面发展，这种判断是建立在对设计深入研究和对当前科学技术发展的把握之上的。

（4）灵感思维

灵感是创造性活动中普遍存在的现象，它是勤奋思考的结果。灵感是人调动自己的全部智力，使精神处在极度紧张甚至如痴如醉的疯狂状态的产物，是创造者长期辛勤劳动的成果。一般来说，人在长期专心致志的思维活动中，一定会迸发出灵感。

灵感思维有以下两个特征。

① 突发性。灵感思维总是突然发生的，没有预感或预兆。

② 与潜意识密切相关。灵感突发之前有一个酝酿过程，往往要用艰苦的脑力劳动来孕育。有的学者提出，灵感的孕育不在意识的范围内，而在意识之前的可以称为潜意识的阶段。灵感出现之前，先在潜意识范围内酝酿，一旦成熟，立即以灵感思维的形式涌现出来。潜意识不仅能进行信息的存储与提取，而且能在意识之外进行信息处理和加工，似乎存在一个独立的系统，这就是"多一个自我"学说。总之，灵感思维比形象思维更复杂，是一种三维的"体型"思维。

3.6 产品形态设计的几项原则

当今的市场纷繁复杂，产品种类繁多，让消费者应接不暇。同时也可以看到，很多品牌的产品在市场竞争中总能脱颖而出，原因就是它们掌握了形态设计的变化规律，并通过理性的形态创造方法创造出令人印象深刻的产品。因此，只有了解形态生成的可能性，熟悉各种可变因素，把握形态设计原则，才能使产品立于不败之地。

（1）产品形态特征的延续

消费者在选择商品时往往会对产品的某些特征印象深刻，并在以后的时间里对该特征有着长久的记忆，因而设计师在产品形态创新的基础上保留一些先期产品原有的视觉特征，可以更好地保持消费者对该产品的信赖程度，进一步促使其产生购买欲望。

在产品形态设计中如何正确地传递先期产品中对消费者具有影响力的因素，是形态设计的一条重要原则。如宝马前脸双肾形进气格栅部分的设计就有很好的延续性（见图3-51）。

图 3-51　进气格栅形态的传递

宝马特有的 L 形尾灯照明元件的水平样式不仅确保了最佳辨识度，还强调车尾的宽阔感和车辆矫健的运动姿态。我们可以看到宝马系列产品全都继承了宝马精致的造型和前进的动势（见图 3-52）。

图 3-52　汽车尾灯形态的传递

好的系列设计应具有统一性，在设计中要使用具有独特识别性的产品特征，如形态、材质、色彩等，使产品能够从其他同类产品中脱颖而出。

（2）品牌的有效传承

品牌可使企业在竞争中获取优势，而企业将品牌的利益、个性、属性、价值等延伸到新的领域，以期利用主品牌的知名度、美誉度及消费者的忠诚度取得成功。品牌延伸是指企业将某一知名品牌或某一具有市场影响力的成功品牌扩展到与成名产品或原产品不尽相同的产品上，以凭借现有成功品牌推出新产品的过程。品牌延伸作为一种营销战略已经被越来越多的企业竞相采用。

品牌设计的传承可以从两个方向理解，一是延续，二是个性特征。所谓"延续"，它涵盖了品牌文化即设计的核心理念、设计风格与造型等，就是我们上面所说的形态特征的延续；所谓"个性特征"，就要求产品体现企业特点，以优化消费者的生活方式作为目标，从情感、功能技术、人机环境等方面深化与提升产品的内涵，从而达到品牌延伸的目的。

在形态设计方面，企业为了加深产品在消费者心目中的印象，往往赋予产品某种视觉特征，以区别于其他品牌的同类产品。如在产品的形态设计上运用某种固定的色彩搭配或线型特征，或在同一系列产品中应用共同的零组件、相似的处形结构、表面处理等（见图 3-53）。

图 3-53　具有统一视觉特征的品牌产品

图 3-53　具有统一视觉特征的品牌产品（续）

从图 3-53 中我们可以看到，该品牌产品在造型上采用近似于新锋锐的风格，质感表现方面采用金属和塑料对比，通过金属质感处理体现高科技与时代风格，所有不同类型产品外形风格有着很强的统一性，消费者容易识别。

（3）形态设计风格的准确把握

什么是设计风格？按照艺术风格的概念理解就是："设计师在设计总体上表现出来的独特的创作个性与鲜明的时代特色"。设计风格最终表现在产品上的是具有特定代表性的面貌。

设计风格具有同一性和多样性。同一性表现在设计师的设计具有一定共性，并反映了特定时代人们的审美情趣、审美理想等；多样性表现在设计师往往会通过设计表现出消费者个人的生活体验、独特审美需要等。

设计风格能够对社会文化、艺术及诸多的社会因素产生影响，是技术、艺术、社会、人文、时代、观念的结合统一体。在社会的发展和进步中，人对产品需求的不断改变决定了风格形式的丰富和多元化。风格设计源于生活，并在生活的沃土中孕育成熟，又返归生活去寻找存在的价值。风格存在的魅力在于调动人的情感、提高品牌知名度，最终提升产品价值。同时，设计风格形成的设计理念对设计的发展起到积极作用，设计风格的形成对企业品牌的建立和企业竞争力的形成都有很大作用。

产品设计风格代表了一个时代的社会文化特征，从一个侧面也反映出了当代人们的审美趋势。因此，在产品形态创意中注重对设计风格的学习和把握，就能了解当代人们的审美趋势，这是设计的一条重要原则。违背了这一原则，新产品就有可能与当下的审美要求格格不入。就如今天看到包豪斯的一些设计很多人都不以为意，然而当把它们放到其所处的时代就会发现它们的伟大之处。从下面不同时代的椅子设计中我们也许能看到设计风格的变迁（见图3-54～图3-57）。

图3-54所示红蓝椅是荷兰风格派最著名的代表作品之一。它是家具设计师里特维尔德受《风格》杂志影响而设计的。里特维尔德的红蓝椅对包豪斯产生了很大的影响。

这把椅子整体都是木结构，13根木条互相垂直，组成椅子的空间结构，各结构间用螺钉紧固而非传统的榫接方式，以防有损于结构。这把椅子最初被涂以灰、黑色。后来，里特维尔德通过使用单纯明亮的色彩来强化结构，使其完全不加掩饰，重新涂上原色。这样就产生了红色的靠背和蓝色的坐垫。

红蓝椅具有激进的纯几何形态和难以想象的形式，把理性化设计与当时对第一次世界大战的反思联系在一起。

图3-55所示蛋椅是雅各布森1958年为哥本哈根SAS皇家酒店设计的，一直被称为20世纪最成功的椅子设计，或者说是室内设计史上最容易辨认的标志性产品。蛋椅独特的造型开辟了一个不被打扰的空间。这把椅子以人体工程学的尺度为依据，将刻板的功能主义形式转变成优雅的有机雕塑形态。该设计外形独特，结构简单，优雅、简约，是具有鲜明个性的设计作品。

图 3-54　红蓝椅

图 3-55　蛋椅

图3-56所示蝴蝶椅是日本老一代工业设计师柳宗理设计于1954年的作品，因为椅子由两片翻飞的木片组合而成，所以叫作"蝴蝶椅"。也有人说它更像是观音菩萨展开的佛手，

温柔地承托起人们的身体。

这款设计出现于日本经济重建的时代背景下，作品有着独特的恬淡、优雅，带着含蓄的美，不着痕迹地融入人们的生活。整个设计都带着本民族的美学，不断从民族的根源文化吸收养分，体现了典型的日本乡土文化。简单的设计里深藏着设计师的情感。

如图 3-57 所示，符合人体工学是现代办公椅思考的问题，它带来的不仅仅是舒适，更为重要的目标是降低工作疲劳度，以实用及休闲为设计理念，注重与消费者的交流与沟通。

图 3-56　蝴蝶椅

图 3-57　现代办公椅

（4）充分展现形态的个性特征

个性特征的体现其实是设计师综合思想的部分展现，当个性元素在不断变化、优化中出现，或被不断地仿照出现时，也可以被视为一种风格的存在，设计师的个性观点会在不知不觉中引导着消费者的思维，当沟通产生共鸣时，也就决定了消费者的选择。

个性是相对一般的或共性的事物而言的，个性就是特点。所谓具有个性化的产品，是指其形态特征与同类产品相比，无论从视觉上还是从其所表露出来的精神特质上都有显著的差异。富有个性的产品，其形象更突出，更能引起人们的注意。

同样是奥运火炬，悉尼奥运会和北京奥运会的火炬都代表了各自的国家和文化特点，其独特个性也表露无遗（见图 3-58）。

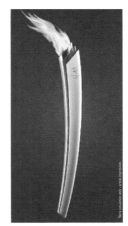

图 3-58　奥运火炬

追求个性是人们在审美心理过程中的一个重要特点，是表现美的更高层次（见图 3-59、图 3-60）。

图 3-59　个性鲜明的灯饰

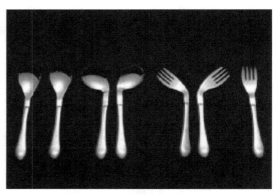
图 3-60　独特的餐具

■ 小结

任何设计都有一定的理论基础和规律，该章讲述的基本规律是本课程的重点，是形态设计的理论核心。通过人的审美普遍规律引申出形态审美的规律，详细叙述了形态设计的心理特征和视觉美学特征；通过上述理论的阐述，进一步讲述在新的市场条件下如何让企业的产品得以延续，如何长时间地保持品牌特征和产品设计的个性化。

■ 习题

1. 临摹两种现有产品的形态，体会产品形态所具有的心理特征。

2. 临摹两种现有产品的形态，说说它们所具有的视觉美学特征是什么。

3. 任选一个品牌产品描述其所具有的品牌特性。

4. 通过市场调研解决下列三个问题（调研产品范围不限）：

① 有哪些产品在整体造型上受到消费者的喜爱和认同？它们的共同特征是什么？

② 什么样的色彩、材质最受当代人的青睐？

③ 消费者在选择产品时的主要因素是什么？他们期望产品具有什么样的颜色、材料、体量和尺寸？

第 **4** 章

形态设计的基本方法

教学目标

- （1）掌握形态的定位，通过对消费者各种状况的调查确定形态设计方向
- （2）了解形态变化的几个决定性因素
- （3）重点掌握形态设计的基本方法，通过对不同方法的学习与练习，能够举一反三地运用于形态设计之中，开拓思路，达到独立设计的目的

　　形态设计方法是在形态运动变化规律的基础上，设计创作产品的艺术形态，使艺术、技术之间建立良好的融合。只有掌握了设计方法，才能设计出简洁、理性、富有生命力的产品，大大提高设计效率和产品附加值，这是实现形态内涵的重要手段。

4.1 形态设计定位

　　什么样的产品形态才能符合市场需求？这应该是困扰设计师最重要的问题。在当今纷繁复杂的世界，只有把握好市场的脉搏，产品才能最终成功，所以说确定形态定位是产品形态设计中的首要问题。

产品形态的定位，除了要借助前面讲述的产品形态构成的基本原则指导外，更重要的是还要对市场和消费者进行深入的调查，以明确产品形态的设计方向。

（1）消费者生活状态与情绪调查

设计师在进行设计时，除了必须了解所需设计的内容以外，还应该非常透彻地领悟设计所应实现的目标。对设计所应实现的目标的理解程度，通常也决定了一个设计师的设计水平。

首先，根据产品设计的内容收集目标消费群的生活状态与生活情绪方面的资料，如用户使用产品的目的、使用环境和使用条件；用户对产品性能的要求；用户对产品外观方面的要求，如造型、体积、色彩等。通过对消费群体生活状态的调查与分析，去发掘未来的消费群体，从生活形态所反映出来的意象中识别出消费群体中个人生活状态特征和社会价值观念。

其次，对消费者的生活情绪进行调查，这里反映出的内容主要是消费群体在日常生活中所表现出来的某种生活情趣和心情特征。通过对特定消费群体典型的情绪特征进行分类和归集，可以使设计组成员对未来所设计的产品形态发展方向有一个共同的认识，为产品形态定位提供依据。如城市的有车族喜欢在休息日到城市近郊旅游，以缓解紧张的工作和喧嚣都市带来的烦躁与压力，作为设计师，在捕捉到他们的情绪后，就可以为其提供能缓解压力的产品或服务。

（2）现有形态调查比较

通过对现有形态的调查比较，可以把收集到的各种设计师作品进行归类，找出可以传达和反映出与前面我们调查的消费者情绪特征有相似内涵的产品。通过这一结果设计师可以清楚地感受到消费者所要表达的某种产品意象在现有产品的形态风格上具有何种视觉规律与特征。

通过调查比较找到的视觉规律与特征不仅能为新产品形态设计定位起到指导作用，而且在收集资料的过程中，大量丰富的产品形态资料对拓宽设计师的设计思路、激发形态创意灵感也有十分重要的作用。

（3）形态定位

设计定位是产品形态设计过程中一个必不可少的步骤，它能避免闭门造车的现象，使形态设计有的放矢。它是对前期调查的总结，又是一个崭新设计的开始，在设计实践中起到重大作用。

就产品设计而言，形态设计定位强调在产品开发过程中运用设计的思维来分析新产品的形态发展方向，赋予新产品独特的个性特征，提高产品竞争力，从而使最终的设计工作取得成功。

形态设计的定位可以从消费者和产品自身两大方面入手。消费者方面可以从不同年龄对形态的喜好不同、消费者的情绪影响，以及生活的环境等方面入手来定位；也可以从产品形态各要素入手，确定外形、材料、色彩等。

（4）案例

以香道系列产品设计为例进行说明。

① 消费者生活状态调查。

中国文人大多爱香，如今的消费者大都是对中国古典文化有着浓厚兴趣的香道爱好者，注重对自我身心的调养，借此修身养性。香道不仅用于摆设，更是一种增进友谊、美心修德、益于身心的生活方式。他们修习的是内心对美的鉴赏，心灵的释放。爱香人的生活状态见图 4-1，爱香人使用的产品形态特点见图 4-2。

图 4-1　爱香人的生活状态

图4-2　爱香人使用的产品形态特点

② 目前市场产品状况。

产品造型富有吸引力，能引起顾客的注意，也有部分具象形态；产品一般质朴自然，形态各异；色彩雅致单一，有部分点缀色（见图4-3）。

图4-3　市场现有产品

③ 设计定位。

融入济南文化，融合香道美学。以济南标志性建筑东荷体育场、历下亭，剪纸等为灵感来源，将荷花、柳叶、荷叶、凹凸阴阳、孔群设计其中，设计出拥有济南文化底蕴的香道产品（见图4-4）。

规格：132mm×132mm×66mm
材料：陶土、黑铁釉
重量：2.2kg

图 4-4　根据设计定位绘制的几款草图

4.2　影响形态设计的决定因素

在前面我们了解到产品设计的各个要素对形态设计的影响，不同的功能、材料、加工工艺都会带来形态的变化。如拉丝不锈钢材料的出现，为现代家电设计提供了更加时尚的外衣，提高了家电的整体档次，为厂家带来丰厚的利润。关于以上内容会用专门章节讲述，下面要讲述的是除产品要素外还有哪些因素会对形态产生影响。

（1）需求决定形态

需求是设计的创造源泉，没有需求便没有创造，没有市场规模的需求便没有市场的创造。解放初期生产力低下，人们的消费观念、消费水平普遍很低，市场观念没有形成。早期生产的粗糙机械好像只是为了解放人的体力，毫无美感可言。在改革开放的今天，随着市场经济的不断深入，各类产品已经使人眼花缭乱，这时的产品形态设计不仅要满足人们的实用价值和审美感官需求，更应该全面考虑人在使用过程中的生理、心理、行为等方面的需求（见图4-5）。

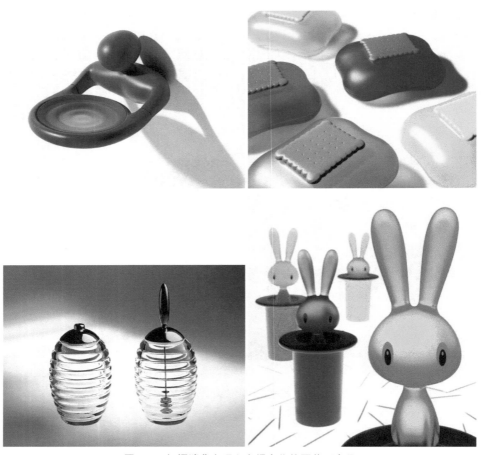

图 4-5 把握消费心理和市场变化的阿莱西产品

（2）注重人机的形态设计成为时尚

人机工程学是在设计过程的分析、综合、展开、评价阶段必要的设计技术。

物要适合人的使用，人不能去适应物。产品是在人的日常生活中使用，不考虑人类各种特征是不能进行设计的。人机工程学研究"人—机—环境"系统中人、机器、环境三大要素之间的关系，为解决该系统中人的操作、健康、情绪等问题提供理论与方法的科学指导。

这就要求设计师在设计产品时要注意产品形态与人的各种特点和需求相适应，探讨操作产品的动作形式、轨迹及相关的动作协调性、韵律性与力量性；与人的心理、生理结构相适应，从而在人机环境系统中取得动态平衡和协调一致，探讨操作空间与动作的安全性、舒适性和情绪；并且使人获得生理上的舒适感和心理上的愉悦感，满足人的心理审美享受。最终以最小的代价赢得最高的工作效率和经济效益（见图 4-6 ～图 4-8）。

图 4-6　键盘　　　　　　　　图 4-7　考虑人机的电动工具

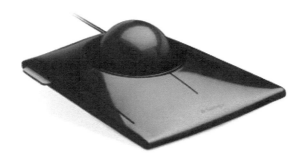

图 4-8　方便使用的轨迹球鼠标

（3）人性化的形态设计

随着社会的发展、科技的进步及物质的极大丰富，传统的事物价值判别标准的内涵发生了变化，产品的功能不再仅仅是指产品的使用功能，还包括了审美功能、文化功能等内容。那么当今什么样的产品更适应消费者？肯定的回答就是人性化，强调以人为中心，从人的需求出发，充分考虑人的生理和心理需要，设计出为人所用的产品。

设计中的"人性化"是指在设计文化范畴中，以提升人的价值、尊重人的自然需要和社会需要，满足人们的物质、精神需求为主旨的设计观。

人性化设计是设计一直追求的目标，人性化的产品形态不仅满足了消费者心理上的需求，而且也满足了消费者在使用产品的过程中对效率、便利和乐趣的需求（见图 4-9 ～图 4-11）。

人性化的产品形态是产品向消费者传递满足其生理、心理需求信息的载体。为追求产品形态设计的人性化，设计师往往要使用特有的造型语言。人性化设计能体现产品对人无微不至的关怀，尤其在功能形态设计的细节上，有时生理上的关怀可以转化为心理上的感动。人性化产品形态的设计更注重消费者心理层面的感受，心理层面的感受虽不像功能形态那样直观，但产品通过表现情感的形态元素向消费者诉说共鸣。

图 4-9　葡萄采摘剪刀

图 4-10　舒适的读书空间

图 4-11　防止烫手的水杯

4.3　形态设计的方法

　　产品是功能的载体，形态是二者之间的中介，没用形态的作用，产品的一切功能都无法实现。除此之外，形态不仅是单纯"物"的层面或"事"的层面，还包括精神、文化等方面的意义，可以通过形态传达各种信息，形态设计一直是工业设计最为关注的话题之一。随着时代的变化，对形态的要求也在不断更新，只有掌握好形态的设计方法，才能不断满足人们对形态不同的需求。

4.3.1　形态的运动变化形式

　　在现实生活中，人们所接触的任何事物都有各自独特的外形，这些形态使人们对不同事物产生了不同认知，但这仅仅只是事物的外表，这里我们要说的是设计的形态。设计的形态是外形加上形态的运动变化。这种变化包括形态内部内力带来的运动变化和外部所施与它的力带来的变化,通过这种运动变化所产生的外形才能带给人们魔力,成为真正的形态。

实现形态设计包含两个重要内容,也就是说形态设计的方法包含两大部分,一是形自身的组合要素;二是形的运动变化,它为人们提供一个创造形态和分析形态的方法,只有将二者加以综合,才是形态创造的正确方法。

形的组成要素对形态设计的影响会在后面的章节专门讲述,这里不再赘述。本章主要从形的运动变化角度来分析形态设计的方法。

形的运动变化基本上可以分为以下三种类型。

① 点、线、面、体的运动变化,包括移动、旋转、摆动、扩大及混合。这些形式所形成的形态运动与时间因素相关。

② 点、线、面、体的空间变化,包括卷曲、扭曲、折叠、切割展开、穿透、膨胀等。块体在空间变化主要指凹凸、分割移位、正形和负形所造成的新形态。

③ 点、线、面、体在空间上的组合与分割,是指形体的整体是由同质单体或异质单体的组合与分割来实现的。

形体通过上面这些运动变化形式,结合一定材料与技术条件,就可以创造出无数的新形态。

4.3.2　形态创造的基本方法

可以说形态的创造方法是在上述的运动变化基础上实现的,下面讲述的每种设计方法遵循的都是形态的基本运动变化规律。

(1) 分割和积聚

自然界的形态构成有着一定的规律性,在工业设计中,产品形态的创造也要遵循一定的规律。总的来说,无论何种形态,它们的构成基本上是按照"分割"和"积聚"这两个基本规律进行的。

在形态表现上,可以把"分割"看成"去掉"或"减离",把"积聚"看成"组合"或"合成";在体量表现上,可以把"分割"看成"量的减少",把"积聚"看成"量的增加"。在大自然中,岩石的腐蚀与风化,森林、湖泊的消退就是形态的分割;燕子衔泥建窝、六角形的蜂窝都是典型的积聚形式。

1）分割

分割是指对形体进行分割，即在原有形体的基础上对其进行切除或分割。通过分割，可使原本简单生硬的几何形体变得更为丰富和生动。在形态的设计中，可运用多种分割形式，如平面分割或体量分割、直线分割或曲线分割、规则分割或不规则分割等。

分割时要注意形态的整体性，要避免由于不适当的分割所带来的形体的琐碎和缺乏统一性（见图 4-12 ～图 4-16 ）。

图 4-12　石雕

图 4-13　立方体分割成的产品

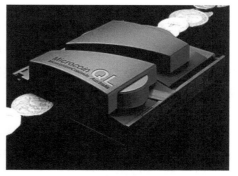

图 4-14　斜线分割的产品

图 4-15　形和色彩都有分割的电话机　　　　　　图 4-16　切割一角的创意手机

2）积聚

积聚就是将一个以上的基本几何形态组合成一个整体，使之达到丰富整体形态结构的目的。

在形体的组合过程中要有主次之分，以免形态杂乱无章或缺少统一的视觉效果，要突出整个形态中的主体部分。同时，形态的组合方式也应尽可能地简洁明了，形态与形态之间的组合要合理、自然（见图 4-17 ～图 4-19）。

图 4-17　由简单圆柱体组合的室内壁炉　　　　图 4-18　不同形体积聚的手持电风扇

简洁的几何形态是人们在征服自然的过程中从大自然的形态中概括提炼出来的，而从现有的产品形态我们不难看出，绝大部分产品形态的构成均以抽象的几何形态为基础，同时又符合形态的构成规律，因此，产品形态的构成规律也必然会与自然界中形态构成的普遍规律有内在的联系。

图 4-19 典型的形态积聚

（2）形态的分割与组合方法

产品形态的设计同样也要符合形态的"分割"和"积聚"这两个基本规律。现实生活中的产品种类不胜枚举，像日常生活中的家具、家用电器、代步的交通工具、遮风挡雨的房屋建筑等。在千变万化的形态设计中，有一些形态可能会以分割为主，而另一些形态就可能以积聚为主。当然看到的形态并不像我们想象的那么简单，它们往往是两种构成规律的组合应用。

1）形态的分割

产品形态的分割可以使产品更富有创造性和活力，在设计时要关注以下几个方面。

第一，不同形体所处的空间方位、大小、比例及相互的协调关系都会对产品形态产生很大的影响。产品是由不同形状的部分组合在一起的，设计时要考虑各部分的位置、大小、比例的关系，如图 4-20 所示。

图 4-20　形状的分割组合

第二，材料及材料表面立体处理在整体形态上的对比协调关系对形态产生影响。产品的操作区域也会使用不同的材料，产生材质的变化，在设计时就要注意各种材料的对比协调关系，使其视觉和心理感到舒适。另外，各种材料的表面处理也会影响受众的心理变化，材质的分割组合如图 4-21 所示。

图 4-21　材质的分割组合

第三，色彩在整体形态上的对比协调关系对形态产生影响。任何产品都会有色彩变化，色彩的搭配与调和对产品形态的丰富起到重要作用，如图 4-22 所示。

图 4-22　色彩的分割组合

第四，功能的分割适合功能变化大、构造复杂、操作跨度大的设计。还有很多产品的操作平面会按照功能性质、使用者的操作习惯、产品的构造特性进行区域划分，人为地进行分割组合设计，可以让人们更便捷地使用，体分割的产品如图 4-23 所示。

图 4-23　体分割的产品

2）形态组合方法

① 镶嵌组合法。

镶嵌式的形态设计主要针对具有分合功能，又有不同形态要求的产品，用镶嵌式形态语言将形态各要素完美统一。通过镶嵌组合法设计出来的产品能够更好地发挥自身功能，又具有良好的视觉整体感（见图 4-24）。

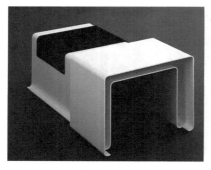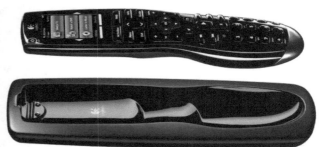

图 4-24　镶嵌式形态

② 啮合组合法。

形态啮合设计根据形态的基本功能要求，找出产品不同部分之间的相互对应关系，如上下、左右、前后、正负等。通过这种方式创造出来的形态相互啮合，互为补充，使各自独立的部分形成新的统一体，从而达到扩大功能价值、节省材料、节约空间、方便储存、减少资源投入等目的。

啮合组合法设计的形态既有形态寓意，又与功能完美结合，是具有表现力的形态创造方法。

　　啮合的形态往往与物体的结构紧密相关，巧妙的结构形式及丰富多变的外观形态互为补充，相得益彰，美感中显露出一种感性与理性的交融，形态的啮合往往会给人某种趣味性的感觉（见图4-25、图4-26）。审视这些形态可使我们领略到设计创造的内涵。因此，从这个意义上来说，对形态啮合的研究与探索将有助于拓宽我们的设计视野、丰富想象力及加强形态的创造能力。

图 4-25　啮合形态的产品

图 4-26　啮合设计的餐具

（3）形态的排列组合

1）形态的排列组合设计

生活中许多产品为满足消费者需求，会把相近的或有关系的部分组成"功能组"，这就是产品形态的排列组合。根据功能与功能之间的关系，通过形态的组合法，可将功能有机地组合在一起，设计出完整的产品组（见图4-27）。

图 4-27　相同功能的组合产品设计

在形态排列组合设计中设计师要注重整体的基本要素的互换性、兼容性及相似性。这些基本要素的设计使产品具有标准性、功能多变性、形态丰富性等特点。与此同时，采用形态排列组合的设计方式，会降低企业成本，节省产品使用材料，方便加工、储存和运输，设计的产品最终会为企业带来最大利益（见图4-28）。

图 4-28　节约空间和运输成本的家具

例如，现在市场上的电脑控制式洗衣机和传统的机械式洗衣机相比，其先进性能要超出很多，但从电脑控制式洗衣机本身来看，其80%的主要部件和零件都沿袭了机械式洗衣机的原部件。因此，在整个产品设计中强调充分利用产品部件的兼容性及互换性，能实现以最低的成本和最快的速度开发新产品。同样，在产品形态设计中，利用形态要素中的兼容性及互换性，能使产品的形态创造达到异曲同工的效果。

在当今市场最多采用排列组合设计模式的产品当属组合家具，其在设计中充分利用单元的相似性、兼容性和互换性进行排列组合形式设计。首先设计师要设计出几个基本单元，然后通过对这几个基本单元的排列组合，就能变换出具有各种不同使用功能和不同形态的家具形式（见图4-29）。

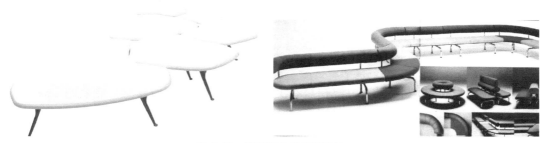

图 4-29　排列组合的家具设计

在如今产品生命周期缩短、消费市场多变的背景下，采用形态排列组合的设计方式，利用形态的相似性、互换性及兼容性，能让企业产品迅速适应市场，及时地满足消费者的需要，提高了企业的生产效率和经济效益。形态设计中排列组合的原理被大量地应用在家具、公共设施、儿童玩具等产品设计中。

2）形态排列组合中的要素

从上面可以看到，形态排列组合设计的关键是其基本要素的设计。下面就来了解形态排列组合中的基本要素。

大家知道所有的物质都是可分的，视觉形象也不例外，无论是具象形态还是抽象形态，都可以分解为形态要素及其组合。形态设计本身就是应用形态要素，并按照一定原则将其组合成美好的形态。

可以把形态要素分为主观认知的概念性要素和客观存在的视觉性要素。其中主观认知层面的概念性要素是不能直接感知的，它们是设计师在设计创造形态前，在其构思过程中形成的并不实际存在的知觉形象。这些知觉形象的棱角上有点，物体的边缘有线，形体的外表有面，立体则占有一定的空间。这些没有具体形状的点、线、面、体，都是存在于意念中的概念要素，它能促使设计师把握视觉性要素的构成。对概念性要素的思考与训练可以帮助设计师理解视觉性要素的运动变化规律和本质。

当设计师把构思中的概念性要素直观化时，就产生了视觉性要素，这些要素是人们能够实际感知到的，也是形态设计中主要的表现要素。它们包括如下内容。

① 产品自身要素：形状（具象的、抽象的、积极的、消极的）、色彩（色相要素、明度要素、纯度要素、面积比例要素）和材质肌理（视觉材质肌理、触觉材质肌理）。

② 空间形成要素：点（所存在空间的顶点，所占空间面积很小）、线（具有固定方向的延展性）、面（在平面范围具有最大的延展）、立体（实际空间的占有者）、空虚（虚实关系往往是形成空间最重要的因素）。

③ 其他要素：体量大小，排列数量、方位，光影变化影响等。

3）形态排列组合原则

形态排列组合原则也可以分为符合客观存在的视觉性要求和符合主观认知的心理性要求。

① 视觉性要求主要是指与产品自身有关，对通过视觉可以直接感知要素的要求。

- 形态应具有写实或装饰化的特点，点、线、面的组合关系可以借鉴自然或者人工所创造的各类物体形象表现出来；

- 组合要素可以运用构成原理表现出丰富的运动倾向；

- 把握好材料和力学关系，处理好产品结构；

- 充分发挥工具的作用，通过对材料的不同处理方式，创造崭新的形态效果。

② 心理性要求是指要素的排列组合是由心理性要素决定的，也就是说形态的组合设计在形式上必须表达一定的心理内容。

例如，为了让儿童产品符合儿童心理，可以把组成的形态赋予针对儿童的特别含义，也可以挖掘儿童的具体情感使其感动而接受，还可以通过要素的排列组合为儿童带来游戏的环境氛围（见图 4-30）。

图 4-30　儿童产品设计

（4）形态组合的过渡

在形态的创造中，将两个或两个以上不同形状或特征的形态，通过一定的处理方法，使其统一在一个新的形态之中，就是形态的过渡。

形态过渡在形态塑造过程中往往起到关键性的作用，它能把产品形态的不同部分有机、协调地组合在一起，形成完整的整体。

可以用下面两种方法来实现不同性质形体的组合，实现其整体协调性。

1）在两个形态间加入"第三者"

通过"第三者"可以起到过渡层的作用，使双方都与其有联系，最终实现形体融合。这种第三者的过渡变化有急有缓，有的是循序渐进的变化，而有的则是较强硬的突变。循序渐进的软过渡使形态过渡显得柔和，给人们带来舒服平淡的感觉（见图4-31）；强硬的形态突变过渡急剧，对消费者的视觉、触觉冲击力强烈，有利于突出形态的个性特点（见图4-32）。

 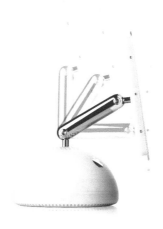

图 4-31　柔和的过渡　　　　　　　　　图 4-32　强硬的过渡

2）采用特殊的形态组合过渡方式，即形态的熔合

熔合就是模仿固体物质熔化的形象，对产品形态进行形似半熔融状态处理，该方法处理的形态更加自然生动，具有亲和力。就如同我们吃的冰激凌，在温度升高的过程中由棱角分明的形态变成柔软温和的形态（见图4-33）。我们常见的汽车大都线条分明，而此款汽车处理成熔合的一体，形态流畅、动感十足（见图4-34）。

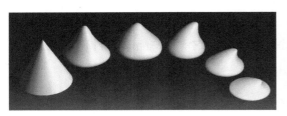

图 4-33　物质熔融

图 4-34　熔合过渡方式设计的汽车

通过形态过渡训练，可以培养准确观察事物和表达形态的能力，探究形态与客观生成条件之间，以及形态各部分之间的相互关系，为最终的形态设计服务（见图 4-35 ～图 4-38 ）。

图 4-35　形态的柔和过渡

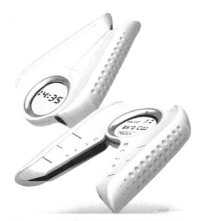

图 4-36　两个形尽量接近进行过渡

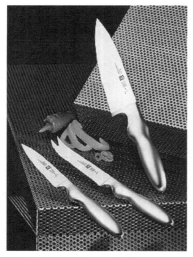

图 4-37　加入第三者的过渡

图 4-38　熔合的过渡

（5）打破常规的形态变异设计

变异是从一个基本几何形态通过改变其形态特征，从而衍生出另一个新形态的变化手法。通过变异，可使原本单调、呆板的形态获得较为生动的视觉效果（见图 4-39）。

图 4-39　形态变异的鼠标

形态变异的形式可以是渐变或突变，可以从一个形态变化成具有相似特征或相反特征的形态（见图 4-40 ～图 4-42）。

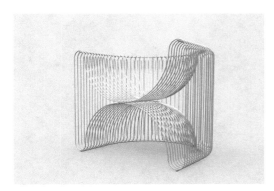

图 4-40　线的变异产品

图 4-41　面的变异产品

图 4-42　体的变异产品

（6）破坏带来形态新变化

人们在认识和感知世界的时候，往往会出现一些人为的破坏活动，也即所谓的"不破不立"。人们通过"破坏"往往可以给死气沉沉的事物带来新的活力，产生意想不到的心理效果，并在此基础上进行加工变化而创造出新的形态。在现实生活中，人们所看到的许多偶然形态即属于破坏所得。这些形态常常是人们在设计中意想不到的，具有出乎意料的效果（见图4-43～图4-45）。

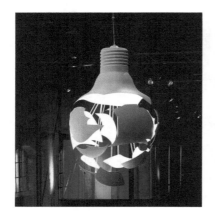

图4-43　破碎的灯泡

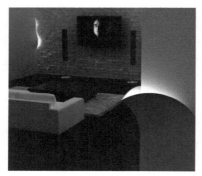

图4-44　掀开的墙角

图4-45　破碎餐具组成的灯饰

如何进行"破坏"？如何通过"破坏"表现出力与动感和活力来？

首先，把握开始的效果是随意和偶然的，这时应尽量自由奔放，破坏是无拘无束的，可以大胆地对形态进行破坏、扭曲或拉伸。其次，对破坏后产生的最终结果必须直接观察，同时又要冷静地判断它、肯定它，以新的眼光来看待，从中探索和发现破坏后的形态带来的新的表现力和造型的可行性，并以此来激发新的创作欲。这种直观的判断力是设计师通过对美的形态不断探索和认识得到的。

诚然，破坏本身并不是目的，但通过破坏所产生的自然或偶然的形状，却为人们提供了发现有意义的形态的途径，对其进行归纳总结便可形成新的形态。

（7）从大自然中汲取新营养——仿生设计法

大自然中存在纷繁复杂、千变万化的各种形态，是人类创造一切的源泉。人类要改造自身生活环境、创造新的生活形态，必须向自然学习，要从大自然中获取设计的灵感。

早在几千年前，人类就发现了蕴藏在自然界中美的要素和自然中神奇的形态结构，并将它们从自然中提取出来，用到现实的生活中去。既有古代建筑大师鲁班仿造叶子的齿状边缘发明的木工用的锯子，又有乔尔吉一朵麦斯特拉尔受到裤管上沾满苍耳籽的启发发明的"贝尔克洛钩拉黏附带"，这样的设计不胜枚举。

在现代社会中，随着科学技术的高速发展，人们对自然形态的观察和理解更为仔细、深入。在现代工业产品的设计中，设计师吸取了自然界中大量的科学合理的形态要素，并在设计中将它们体现出来。这方面最著名的设计师就是德国设计大师科拉尼。

仿生设计不是简单地对自然生物体的照搬与模仿，它是在深刻理解自然物的基础上，在美学原理和造型原则作用下的一种具有高度创造性的思维活动。

这里讲到的仿生设计主要是形态仿生。形态仿生设计的方法如下。

首先，要对模仿的事物进行深入的形态研究分析，找出其形态特征中最有特点、最能反映其本质的要素。

其次，对这些要素进行提炼，除去不必要的某些细节，对主要特征进行适度夸张，以强调要表现的主体内容。

最后，在形成的形态雏形上进行反复修正，并在此基础上进行延伸以创造出多种形态。

在产品形态设计时，仿生造型往往采用直观象征手法或含蓄隐喻的手法来表现（见图 4-46 ～图 4-52）。

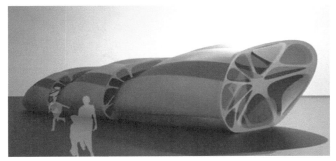

图 4-46　清爽的莲藕

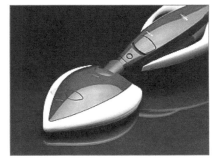

图 4-47　可爱的昆虫

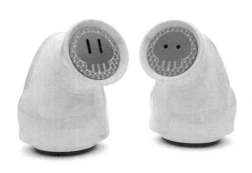

图 4-48　憨憨的河马

图 4-49　钻出海浪的鲸鱼

图 4-50　凶猛的鲨鱼

图 4-51　盛开的洋蓟

图 4-52　可爱的穿山甲

4.3.3 掌握新的观察和学习方法

用常规方法看周围的世界，只能观察到人们日常体验到的东西，这对设计师来说是不够的。设计师们应该热爱自然，融于自然，要设计出富有新意的形态，就要求设计师必须在一般事物中去认识和挖掘常人不能发现的东西，勇于探索未知世界，通过拓展设计视野，去探索事物内部深层次的更科学合理的部分，不被习惯左右，用新的观察和学习方法认识世界。应不断扩大知识面，拓宽视野，注意培养综合运用知识解决问题的能力。

■ 小结

该章重点讲述形态设计的基本方法，通过形态的不同运动变换形式引申出分割、组合和变异等不同的设计方法，细化了每种方法的要点和注意事项，通过大量实例帮助学生理解接受；同时延续第 2 章的内容，告诉学生要从大自然汲取营养，掌握仿生设计的方法。

■ 习题

1. 运用形态设计方法（仿生法除外）对任意几何形体进行形态创造练习，使其具备一定的功能。

2. 任选两个不同性质的形态进行形态过渡练习。

3. 设计 5 个以上相同的立体基本单元，要求每个基本单元的形态具有一定功能，并设计 5 种排列组合方案（要求形与形之间的结合有机自然，有较好的视觉效果）。

4. 用仿生设计的方法，对自然界的某种形态进行归纳创造，使其具有一定的功能。

第5章

形态设计与产品要素的关系

教学目标

📖 （1）了解功能的分类，重点掌握不同功能对形态的重要影响

📖 （2）了解材料的发展过程，学会如何利用材料特性进行设计，赋予产品形态全新的寓意

📖 （3）了解和掌握形态作为功能的承担者，结构变化对形态的影响

📖 （4）了解产品色彩设计的基本原理，学会利用色彩语言装扮自己的产品

　　作为设计师应该知道，不论何时形态都需要通过一定的物质形式来体现。以汽车为例，当看到它四个车轮时，就能感受到它是一种能运动的产品，汽车的传动机构揭示了产品的基本传动方式和功能内涵，而车身的材料、结构等不仅反映出了产品的基本构造，同时也强调了产品的外形势态。在设计领域中任何产品的形态总是与它的功能、材料、结构等要素分不开的。产品形态就是把功能、材料、结构等要素，用一定的形式表现出来，给受众一种整体的视觉感受。因此，各设计要素对产品形态的影响就显得尤为重要（见图5-1）。

　　产品中还包含着各种构成形态的基本要素：产品的使用方式、基本功能、材料、结构，以及材质的表面处理、色彩等。这些要素既有各自独立的内容与特征，相互之间又有着密切的内在关系，并共同影响着产品的整体形态。

　　如何设计好产品的形态，就是要在产品形态设计的过程中选择其中某些要素作为突破点，也就是形态设计的切入点。

图 5-1 产品要素实现完美结合的汽车

5.1 产品使用方式与形态

产品使用方式是消费者在使用产品时具体需求的表现形式，它包括消费者个性特征、消费的使用时间和环境、使用行为过程及使用条件限制等。

在设计产品时必须首先考虑人们对产品的使用方式，不同的产品使用方式必然会产生不同的产品形态（见图 5-2）。因此，对产品的使用方式进行重新设计或创造新的使用方式，是获得产品形态创意的一个重要切入点。

图 5-2 手表式的手机

设计良好的使用方式能够提高产品的使用效率，精心设计后的产品更方便操作，能够满足消费者不同使用情况下的需求。此外，新材料、新技术的合理运用对产品使用方式的创新设计也会产生很大影响。

5.2 产品功能与形态

现代的高科技功能要通过产品来实现，而功能不只是实用功能，还有审美功能，包括产品样式、造型质感、色彩等，也就是功能美，体现为一种视觉美感。功能的美必须通过形态来实现，而形态正是表现视觉美感的最直接手段。因此，了解功能与形态的关系，把握二者之间新的变化，有助于实现功能与形态的完美结合。

5.2.1 产品功能

功能是指产品所具有的工作能力，产品只有具备为消费者所接受的功能才能进行生产和销售。产品实质上是功能的载体，实现功能是产品设计的基础，产品设计与制造是针对依附于产品实体的功能而进行的，功能是产品的实质。

在产品设计前需要进行功能分析，明确用户对功能的要求，从技术和经济角度分析产品应具有的功能和水平，提高产品竞争力。从功能分析入手，可以更准确、更深入地发现原有产品中的核心问题，排除其他问题完善设计，找到新产品创新的途径。

由于功能所承担的角色轻重不一，而且使用性质也不尽相同，因此，在做功能分析时需要加以分类，区别对待。

产品功能可分为实用功能和审美功能两部分。

（1）实用功能

实用功能是产品形态要素中一个十分重要的要素。产品形态不同于没有附加功能的装饰品或其他事物形态，产品存在的最终目的是供人们使用，为了让消费者感觉设计的产品是有用并且好用的，产品的形态设计就必须体现某种机能和符合人们实际操作等要求，形成功能形态。

产品的实用功能要素是决定产品形态的主要要素之一。例如，电视和电冰箱的形态，虽然都是方形，但是电视是视频接收和显示设备，而电冰箱是冷藏食品及放置压缩机和制冷系统的设备，其形态绝不会设计成一样的。手工操作的产品，其把手或手握部分必须符合人用手操作的要求，其形态也必然和人的手与使用方式有密切的关系（见图 5-3）。

创造理想的功能形态，要先了解该功能的工作原理，再研究材料、结构、机能等基本要素，最终构成完整统一体，发挥产品的最佳功效。

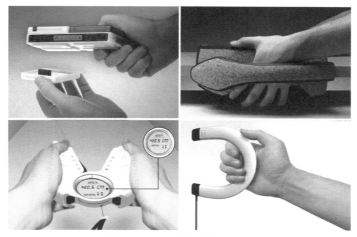

图 5-3　不同功能决定的形态

同样是交通工具，但由于人们对它们的使用方式、使用要求及使用目的的不同，出现了小汽车、大卡车、拖拉机等，而它们所体现出的产品形态也大相径庭。可见，离开产品的基本实用功能去空谈形态创造就是闭门造车。

（2）审美功能

随着社会的不断发展，在产品功能、质量相对稳定的情况下，形态的审美功能就成为当今社会对产品至关重要的要求。随着社会的发展及物质的高度文明，人们对产品的要求已经不仅仅局限于对某种功能的要求，更多的是通过产品来实现更多的自我价值，因此对形态美的要求也越来越高。

当然，产品使用者在社会、文化、职业、年龄、性别、爱好、志趣等方面存在不同，对产品形态审美方面也存在很多差异。因此，在设计产品时，即使是具有同一使用功能和技术的产品，也要求在形态上的多样化。利用产品的特有形态来表达产品的不同审美特征及价值取向，让使用者的内心情感期待与产品体现出的情感取得一致和共鸣（见图5-4）。

图 5-4　审美特征差别的产品

另外，按功能的重要性还可分为主要功能和次要功能。

主要功能是指与产品的主要目的直接相关的功能，对于使用者来说，这是必要的基本功能，也是产品存在的意义。主要功能是产品存在的基础，相对稳定，在设计时应注意不要有太大的变化，否则，产品的性质就会发生变化。

次要功能是辅助主要功能更好地实现其目的的功能，有时也是不可缺少的功能。产品通过附属功能增加产品的使用价值，因此有利于提高产品的附加值，但如果处理不当，就会造成功能和成本的浪费。

5.2.2 功能与形态

现代的设计活动是通过有目的的制造（功能）开始的，同时审美的需求也随之而来。精神的愉悦一般都是人们在与艺术交流的过程中所领悟并获得的，因此，现代设计无论如何都脱离不了艺术的元素。艺术的审美规律、欣赏的心理思维规律都必须通过特定的载体来表现，这一载体就是形态。产品设计通过形态、质感、色彩等外在的形式来体现功能美，为消费者带来视觉美感（见图 5-5）。

图 5-5 形态、质感、色彩俱佳的拍立得

同时，产品的形态不能与功能脱离，没有合理功能的形态是不能很好地满足要求的。好的产品设计不仅在形式上征服消费者，而且消费者在使用过程中能够更加了解产品形态在发挥功能上所起的重要作用。在消费者感知和理解产品的过程中，功能与形态起着共同的作用，它们之间构建了一个复杂的设计系统，功能通过实用、好用与消费者产生共鸣，形态通过更清晰的感觉和更纯粹自由的感情来唤醒人们的想象意识，最终虏获受众的心。二者之间虽相互依赖，形态却具有相对独立性，并不绝对依赖于功能。

功能是产品设计的最基本要求，然而当今的产品设计越来越追求时代潮流，强调个性化、差异化，只有满足人们的心理需求、审美需求，才会受到市场的欢迎，所以功能和形态的和谐必然是工业设计研究的主要课题。

5.3 产品材料与形态

产品形态往往会在人们的心目中形成一个视觉印象或心理感受,这些整体视觉印象是通过产品的几何特征、色彩、材料质感等方面共同作用产生的,最终形成一个设计形态整体的视觉印象,而其中材料起到重要作用。在产品形态设计中进行材料选择时,必须对材料的各种特性有充分的了解和把握,综合考虑、灵活运用,这样才能选择出合适的材料,从而最大限度地发挥材料的性能,设计出更加完美的形态。

5.3.1 材料

任何产品形态的实现都离不开特定的材料,如常用的家居产品,不管是使用什么做成的,都离不开材料的支持。而不同的材料,其特性和加工方法都有着很大区别,这就对产品形态产生了很大影响。

早在远古时代,人们在漫长的生活实践中就积累了使用材料的经验。他们用石块做成捕猎的工具和武器,用泥土制成盛放食物的容器,用草木搭建出栖身的房屋。这些都是人类早期从事的最简单的设计活动,从半坡的彩陶到商周的青铜器再到后来的玉器、瓷器、金银器等,虽然都可以做成容器,但是可以清楚地看到材料与形态之间密不可分的关系(见图 5-6、图 5-7)。

图 5-6　陶器

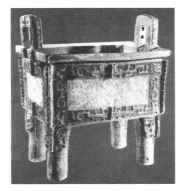

图 5-7　青铜器

进入现代社会,科学技术的发展把人类带进了一个运用材料的新天地。新材料的不断出现,改变了人类传统的选用材料的方式,因而也促使了传统产品形态的根本性变革。有人说 20 世纪最伟大的发明是塑料,确实塑料的出现,使传统的采用木质、金属等结构的产品变成了一次成型的塑料产品,不仅减少了加工工序、降低了成本,同时也开创了产品设计革命的新世纪。尤其在当代数码产品和电子产品的形态设计上,塑料可谓"如鱼得水",

不仅可以运用塑料自身的特性，还延伸到表面处理及其他材料的添加（见图5-8）。材料的丰富使原来机械、呆板、冷漠的产品变得轻巧活泼、富有生气而带有人情味。

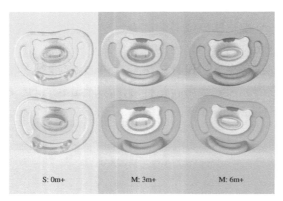

图 5-8 塑料在产品中的应用

运用新的材料来实现产品形态创新，是人们逐步认识材料特性和利用材料特性的结果。在自然界存在着千千万万种材料，这些材料都有各自的性能特征。在设计产品形态时，除了正确选择适当的材料外，还要清楚这些材料的特性。

材料的性能特征主要体现在物理性、化学性和视觉性三个方面。其中：

① 物理特性主要是指材料的强度、刚度及光电性能等特性。

② 化学特性主要是指材料的抗腐、防腐能力及其他化学特性。

③ 视觉特性主要是指材料的形状、肌理、色彩等特性。

材料的综合特征与生产、加工、使用等因素结合起来必然会引申出如成本、价值、形态结构、美感等与产品形态有密切关系的要素。因此，作为一个好的设计必然要全面地衡量这些因素，科学合理地选择材料，从而最大限度地发挥材料的性能特征。新材料在产品中的应用见图5-9。

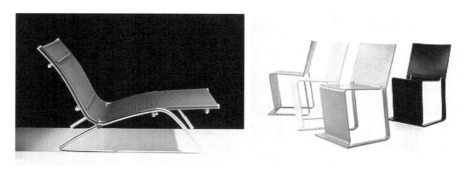

图 5-9 新材料在产品中的应用

由于不同的材料具有各自不同的视觉特征，因而一旦材料被应用到某个具体的产品，就会给这一产品带来直接的视觉影响。在现实生活中，即使是同样的产品，由于采用的材料不同，也会留下不同的视觉感受。此外，不同的材料有着不同的加工方法和成型工艺，而不同的加工工艺也将对产品的形态产生直接的影响。如我国 20 世纪 50 年代早期的台式收音机外壳，采用的是人工夹板拼装工艺，产品形态只能以直线平面为主，造型呆板生硬。由于塑料的出现和注塑技术的成熟，收音机壳体成型材料和成型工艺得到了彻底的改变，使产品的形态由以前单一的直线平面发展到当前的各种曲线、体面互为组合，产生了丰富多彩的造型形式（见图 5-10）。北欧板式家具的诞生，采用了先进成型工艺，可使座椅的主体一次整体成型，从而使传统的木结构椅子得到了革命性的变革，座椅的形态变化更趋自由（见图 5-11）。

图 5-10 收音机的演变

图 5-11 传统与现代的结合 "The Fractal Chair"

5.3.2 材料特点的利用

当躺在舒适的沙发上，当手握泡着香浓咖啡的玻璃杯时，不禁会感受到这许许多多的材质蕴涵着的不同的情感，是它们构成了纷繁复杂的世界，是它们一直伴随着我们的生活，如何去理解及利用它，这正是设计师所要掌握的。

（1）不同状态材料的特点

1）线材

线是点运动的轨迹，因此线具有一定的方向感。线包括直线、折线和曲线，曲线发展到极端就是圆——最圆满的线。此外，还有各种随意的线和三维的线等。线材的视觉特征挺拔、柔软，不同性质的线材会给消费者带来不同的情感体验。另外，线材构成空间后有凌空感、紧张感及视觉导向，线与线之间所留下的间隙，也会有一种负量的美。

2）板材

板材往往都是以面的形式出现在我们面前的，至于三度空间的体的概念，我们往往得通过由一定的空间线索而产生的深度知觉才能加以感知。

板材最大的特征在于其轻薄锐利感与延展性。不论用何种材料制成的板材，如果增加其厚度，或将板材堆积成一定的厚度，就会削弱板材的特征。所以，当使用板材来制作某种形态时，板材折叠部分的感觉就会变得比较笨重。同时，也会因观察形态的视觉方向不同，而产生不同的感觉。

3）块材

块材有完全实心的，也有中间空心但表面上看不见其空心的，还有不同密度的块材，如发泡塑料等，性质可以说是多种多样，所以很难将块材的特点做概括的说明。但是，可以根据块材给人们留下的印象来加以区分。块材是一种封闭性的量块，是具有一定量感的物体，这是它的心理特性。它没有线材与板材给人的那种锐利、轻快、紧张与速度感。块材给人的感觉是稳重和安定的，以及能忍耐外界压力的耐压感。因此，使用块材来创造形态时，要注意不要抹杀块材的这种特性。

（2）不同材料的美感

材料的运用如同设计中线条或色彩的运用，要遵循一定的规律，通过材料的相互配合产生对比、和谐、运动、统一等形式美感。好的设计离不开对材料的精挑细选，要让人产生联想和想象，最终心领神会地理解、接受。苹果电脑产品所采用的材料就与众不同，外壳光滑有着特有的雕塑感，体现了个性化设计风格，博得了消费者的青睐（见图5-12）。

图 5-12　苹果电脑

设计时要想把握材料的美感就必须了解材料所具备的各种特性，遵循材料使用的原则。

1）材料所具备的特性

① 材料给人们带来联想。

材料美感是一种自然属性，不同的材质会使人产生不同感觉的联想。如木材总会使人联想起古典味道，产生一种朴实、自然、典雅的感觉；玻璃、不锈钢、塑料等体现出的是现代气息，将这些材质运用到产品设计中时，就会使产品带上不同的情感倾向。

② 材料具有本质美感。

经过刻意加工的材料，虽然丰富了设计内容，但过于强调材料变化反而显得矫揉造作，适得其反。有时候材料本质真实的表现更加耐人寻味，因为它表达了材料自然真实的本性。例如，著名的建筑大师柯布西耶通过用不加修饰的混凝土材料表达对机械美学的追求（见图 5-13）。设计师在运用材料时要注意材质的纯净性，将材料的本质美真实地表达出来。

图 5-13　朗香教堂

③ 材料具有生命性。

大自然是最伟大的设计师，而现实生活中的许多材料都来源于自然界，它们体现出一种自然生命的美感。这种生命力的美感往往蕴含着历史的积淀，背后映射着一种历史沧桑感。设计师应该学会利用材料的生命性，并使这种生命力在产品中得以延续，使消费者产生强烈的情感共鸣（见图 5-14、图 5-15）。

④ 材料的工艺美感。

随着时代发展，加工工艺不断革新，加工设备不断出现，对材料质感产生了重要影响，从而使形态肌理多样化。

图 5-14　有生命感的材料　　　　　　　　　图 5-15　有生命感的材料处理

2）材料使用的原则

① 有效地利用原材料。

用最少的资源制造出尽可能多的产品，而同时不会对它们的功能或外观产生负面影响，尽可能使用可更新、可循环的材料。

② 把浪费减到最小。

努力减少生产过程中的浪费。只要有可能，就应当把生产某件产品的废料用到另一件产品的生产中去。重复利用大量的材料，如硬纸板、纸张、塑料、木料、金属和玻璃。

③ 关注环境保护，注意可持续发展。

人类在改变现代生活方式和生活环境的同时，也加速了资源、能源的消耗，并对地球的生态平衡造成了巨大的破坏。在开发新产品时，设计师应对所引起的环境及生态破坏有所反思，体现设计师的道德感和社会责任感。

用新的观念来看待耐用品循环利用问题，真正做到材料的回收利用。首先，设计的产品尽量能在使用后再回到工厂翻新或维修、保养，以便再利用；其次，在设计过程的每一步都充分考虑对环境的影响，尽量减少物质和能源的消耗，要注意材料的共用性，减少不必要的材料使用和装饰，产品及零部件能够回收并循环利用。

（3）不同材料的情感

材料的美很多时候体现在对人的情感关怀上。材料与人的亲切程度是由材料与人的熟悉程度决定的，比如我们经常接触的自然木质和瓷器材料就给人一种朴实无华的感觉，它们比质地均匀的人造材料更有亲和力（见图 5-16）。

图 5-16　传统材料与人造材料的对比

不同材料能够表现不同情感:

- 石质材料带给人们古朴、庄重、沉稳、神秘的感觉;

- 木制材料带给人们温馨、自然、环保、典雅的感觉;

- 金属材料带给人们现代、力感、精确、冷漠的感觉;

- 陶瓷或玻璃材料带给人们光滑、洁净、时尚的感觉;

- 塑料材料带给人们温暖、光洁、柔韧的感觉。

在产品设计中材质亲和力较强的是北欧家具,它十分讲究采用天然的材料,如木材、皮革、藤条等。一般木质家具多不上油漆,而采用磨光上蜡的工艺,以保持木材的自然纹理与质感,家居设计大都十分简洁实用(见图 5-17)。由于利用了材料自然的色彩与质感,带给人一种温馨、宜人的感受,最终创造了一种精致的生活情调。在设计中精心地选用材料,使得北欧家具具有一种自然、令人亲近的气息,因而广受人们欢迎。

图 5-17　北欧风格的家具

图 5-17 北欧风格的家具（续）

综上所述，在形态设计中材料的美感有着重要的作用，它直接影响产品的艺术风格和人们对产品的感受。优秀的设计离不开优美的材料处理，形态的美需要所有产品要素的平衡与和谐。

（4）材料特性的合理利用

产品形态的实现要靠材料的支持，因此认识材料特性和利用材料特性，就能帮助我们实现产品形态的创新。产品中材料的合理应用见图 5-18。

图 5-18 产品中材料的合理应用

根据材料的特性，可以拓展出很多不同的功能，创造更多新的形态。

不同的材料、相同材料不同的形状都会呈现不同的视觉特征。材料的视觉特征直接影响产品的最终视觉效果。

在当今社会，有很多设计充分发挥了金属材料具有塑性和弹性的特性，将线型金属压制成具有特定形式的形态，形态结构十分简洁、合理，没有任何多余的部分。这样既满足了某些基本功能的要求，创造了一种快捷、便利的使用方式，又给产品的加工带来了方便，大大节约了成本。

5.4 产品结构与形态

结构是构成产品形态的一个重要要素。即使是最简单的产品，也有它一定的结构形式。例如，常见的洗衣机就包含了一个复杂的构造。如洗衣桶如何平稳转动？桶身与箱体如何进行连接？电动机怎样固定？内部配件如何更换？如何连接电源？如何启动？通过对这些部件之间的连接、组合，就构成了一个产品最基本的结构形式（见图5-19、图5-20）。从中也可以领悟到产品功能必定要借助某种结构形式才能得以实现。因此，也可以这样说，不同的产品功能或产品功能的延伸与发展必然导致不同结构形式的产生。

图 5-19　超声波洗衣机

图 5-20　普通滚筒洗衣机

不少新的结构是伴随着人们对材料特性的逐步认识和不断加以应用而发展起来的。从原始社会中人类使用的石刀、石斧、陶罐、陶盆，到当今现代人使用的各种机械工具、家用电器，产品的形态已经发生了根本性的变化，而这些变化无不和人类对产品功能的开发和新材料的运用并由此而导致产品结构上的发展有着密切的内在关系。因此，结构创新是实现产品形态创新的一个重要条件。

5.4.1 结构

结构是根据材料属性，使各材料间建立合理联系的组织形式。结构普遍存在于大自然的物体之中。生物要保持自己的形态，就需要有一定的强度、刚度和稳定性的结构来支撑。一片树叶、一面蜘蛛网、一只蛋壳、一个蜂窝，看上去它们显得非常弱小，但有时却能承受很大的压力，抵御强大的风暴，这就是一个科学合理的结构在物体身上发挥的作用（见图 5-21）。

图 5-21　蜘蛛网结构

在长期的生活实践中，这些自然界中的科学合理的结构原理逐步被人们所认识，并最终获得发展和利用。

我国古代很多建筑的典范，它们的结构力学原理十分科学合理，工程技术和建筑艺术都体现出很高的水平，迄今仍然有很多建筑基本保存完好（见图 5-22）。

图 5-22　赵州桥

形态设计中材料要素与结构密切相关，不同材料特性有着不同的加工、连接和组合方法，随着对材料的认识新的结构也在不断发展。

例如，用再生纸做成的鸡蛋包装盒。再生纸是利用回收的废纸重新做成纸浆后加工成的纸张，其内部结构松散，表面粗糙，纸张强度较低，但通过机械压模做成薄壳形结构的鸡蛋包装盒后，强度获得很大的提高，起到了安全保护鸡蛋的作用（见图5-23）。

图 5-23　再生纸鸡蛋包装盒

5.4.2　产品设计与结构

结构是产品系统内部诸要素的联系。功能是产品设计的目的，而结构是产品功能的承担者，产品结构决定产品功能的实现。因此，产品结构必然受到材料、工艺、产品使用环境等诸多方面的制约。

（1）产品结构分类

产品结构分为内部结构和外部结构。

所谓内部结构是指由某项技术原理形成的具有核心功能的产品结构，内部结构往往涉及复杂的技术问题，对于用户而言，内部结构一般是不可见的；但对于设计师而言，就必须是明确的，并依据其所具有的功能进行外部结构设计，使产品达到一定性能，形成完整产品。

外部结构不仅指外观造型，而且包括与此相关的整体结构。外部结构是通过材料和形态来体现的，它既是形态的承担者，同时又是内在功能的传达者。

某些时候外部结构的变换不直接影响核心功能。如电话、电冰箱产品，不论其外部结构如何变换，其通话和制冷功能是不会改变的。而在其他一些情况下，外部结构本身就是核心功能的承担者，其结构形式直接决定产品的功效，比如各种材质的容器等。

另外，我们还应该了解空间结构。

空间结构是产品与周围环境的相互联系、相互作用的关系。作为实体的产品，除了自身的空间构成关系外，还存在以产品为中心的空间环境的关系，也就是产品的使用环境，这一空间关系应作为产品的一部分。"埏埴以为器，当其无，有器之用。凿户牖以为室，当其无，有室之用。"这一最早出现的空间概念，也正是实体与空间关系的最好诠释。

（2）产品结构的设计

从产品设计到使用的整个周期，外部结构所要受到的制约因素和所出现的问题都是无法回避的。产品系统中的各个要素问题都会在不同阶段显现出来，成为工业设计过程中的问题点。由于设计所涉及的范围相对较大，并且不同产品需要不同的知识与技术，因此，结构设计对设计师来说是极大的挑战。

要做好这一点就应该把握关键的设计方法——把握内部结构与外部结构的关系，树立整体设计观念。

内部结构与外部结构两者是不可分割的相互作用的整体。相对于内部结构，外部结构的变化空间要大得多。这时就容易无限制发挥外部结构想象力，而忽视了内部结构的制约，这样的后果可想而知。因此，只有正确处理内部结构与外部结构的有机关系，树立整体观念，才能设计出更加合理的产品结构。

总之，物体形态的存在必须依赖于物体自身的结构。人们不断利用自然界中一些优秀的结构形式，使结构形式趋向科学性、合理性，促进了事物形态的新变化。结构的发展对产品形态创新起着非常重要的作用。在过去被认为是不能实现的结构形式，在今天的产品设计中却比比皆是（见图5-24、图5-25）。

图 5-24　结构不同的椅子

图 5-25　按键手机的结构变化

5.5 产品色彩与形态

形态给人们传递的是视觉感受，而在与视觉相关的产品要素中，色彩与其他要素是不可分割、相互依存的。但在某些时候，色彩的重要性要大于其他产品设计要素，因为相对于其他要素，色彩更趋于感性化，它的象征作用和对于人们情感的影响也远远大于其他要素。可以说色彩是不可取代的。

5.5.1　色彩的情感

"色彩的感觉是一般美感中最大众化的形式"，人们对色彩的情感体验是最为直接也是最为普遍的。色彩能明显地影响人们的心理体验，使人产生各种情感；同时，人们也赋予了色彩种种象征的意味，即运用颜色作为符号，传递某种意思和内涵。

人们对色彩的情感体验来自对色彩的物理属性的直观感知，即对色彩三大属性——色相、明度、纯度的感觉体验。在产品设计中即便是三属性完全相同的颜色，也可能由于产品材料质感、肌理及产品使用背景、位置等因素给人不同的感觉，而产生不同的情感体验。

根据色彩带给人们的不同温度感觉，可以将色彩分为冷色和暖色，暖色使人感觉物体膨胀，而冷色则使人感觉物体收缩；色彩能影响人们对物体的重量和体积的感受，深色使人感觉重、小，浅色使人感觉轻、大；色彩还能给人不同的远近感，暖色较冷色更呈前进性，亮度高、纯度高的色彩也具有更强的前进性；色彩也能直接影响人的情绪，鲜艳的色彩一般与动态、快乐、兴奋的情绪关系密切，而朴素的色彩则与宁静、抑制、静态的情感关系密切。

5.5.2　色彩的心理特征

（1）色彩的通感

当你欣赏建筑的重复与变化时会联想到音乐的重复与变化的节奏；当你听到缥缈轻柔的音乐时，也会联想到薄薄的半透明的色彩，这就是通感。

通感就是把不同感官的感觉沟通起来，借联想引起感觉转移，"以感觉写感觉"。通感技巧的运用，能突破色彩的局限，丰富设计的审美情趣，增强艺术效果。

色彩的通感有以下几种。

- 色彩的温度感：暖色给人积极向上的感觉，冷色让人感觉消极寒冷（见图5-26）；

- 色彩的距离感：暖色近，冷色远，纯色近，灰色远（见图5-27）；

- 色彩的重量感：暗色重，亮色轻（见图5-28）。

图 5-26　温度感

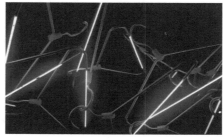

图 5-27　距离感

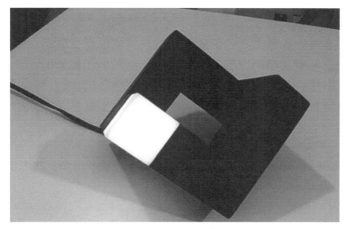

图 5-28　重量感

（2）色彩的联想

色彩能给人带来不同的联想，但同一色彩不同的人产生的联想不同，色彩联想既有共性又有个性，需要我们在设计产品时充分了解市场。

- 红色和橙色使人兴奋，可以联想到热情、活跃、燃烧、沸腾；

- 黄色具有阳光感，可以联想到温暖、祥和、希望、明亮；

- 蓝色有一种深邃感，可以联想到严肃、沉着、静止，并令人遐思；

- 绿色是自然界的颜色，也是人们所喜爱和乐于接受的色彩，可以联想到生长、舒适、青春、安全、健康；

- 紫色具有高贵感，可以联想到高尚、雅致、阴沉；

- 黑色有停止的感觉，可以联想到静止、失望、恐怖、有力度、封闭；

- 白色是清新、洁净的颜色，可以联想到清洁、单纯、空旷、开放；

- 灰色是雾蒙蒙的中性色，可以联想到模糊、隐蔽、柔弱、寂寞。

以上列举了几个具有代表性的色彩，它们的表现力是概念性的，各种色彩属性的变化会给它们带来不同的感觉。如红色中最为明亮和温暖的是朱红，而同样红色系中的玫瑰红，它的热烈程度就明显减弱。因此，应该看到色彩总是在各要素的相互关系中存在，受其自身的面积大小、周围色彩与使用环境的影响。色彩的联想是人们感知色彩后，结合自身在生活中的体验所感受到的。

（3）色彩的象征

自古以来，人类对大多数主要色彩的运用就与其象征意义联系在一起，成为人类文化的一部分。色彩的象征意义是明显的，同时也是非常微妙和复杂的。色彩可以代表不同的国家和地域，还可以区分不同的文化背景。但人类对色彩的直观感受也存在很多共性，这也正是色彩产生象征意义的基础。色彩的象征意义产生于联想，不同的色彩联想有不同的象征意义。

- 红色是具有强烈情感的色彩，可以象征团结、爱情、革命，并由于其最能引人注目，也可代表危险；

- 黄色象征富有、欢乐、辉煌，但在阿拉伯国家则象征灭亡；

- 蓝色如浩瀚天际，象征着一种永恒、理智；

- 绿色充满青春活力，象征青春、和平、安全；

- "洁白无瑕"的白色象征着纯洁、清白；

- 黑色是沉稳、厚重、哀悼的象征。

要将色彩的象征意义应用于产品设计，除了掌握好色彩基本原理外，还需要对人的认知心理进行研究。随着社会的变迁，人性化的因素在不断增加，产品色彩已逐步从功能性走向情绪化，使产品色彩具有时代的象征意味。

5.5.3 色彩设计的方法

（1）色彩与形态设计

人们在观察产品时，色彩是最先被人感知的，有着比形态更强的视觉冲击力，但起主导作用的却是形态，因为色彩只是附着于形态之上起附加作用的。

色彩与形态又是不可分离的、相互依附的。世上没有无色彩的形态，也没有无形态的色彩。形态的视觉语言和色彩的视觉语言相配合，可以增强产品的表现力。如设计体量大的产品，在选配色彩时就采用明度低、彩度低的暖色，则其力度、重量感得到加强，反之就会减低产品体量感。

色彩与形态设计的关系有以下几种情况。

① 色彩可以改变形态的体量感。如上所述，体量小的形态若要得到力度感必须设计低明度、低纯度的颜色。

② 色彩可以使形态伸缩。如高明度、高彩度的色彩有扩张感，反之低明度、低彩度的色彩有收缩感。

③ 色彩可以使形态满足不同的消费心理。不同的人会因为性别、年龄、文化程度、性格及爱好，对同一色彩有不同的感受。

④ 色彩可以使产品带有识别性。色彩配合企业的整体形象，为产品烙上企业深深的印记。

⑤ 色彩可以提高形态的档次。金属材料、金色和银色等高贵色彩的应用，给产品增加高贵感和雅致感。

色彩与形态搭配时常采用以下几种方法。

① 用不同色彩表现同一造型，形成产品的纵向系列（见图 5-29）。

图 5-29　产品的纵向系列

② 用不同色彩对同一造型进行分割。

根据产品的结构特点，用色彩强调不同的部分。这种色彩的处理方法会在视觉上影响人们对形态的感觉，即便是同一造型的产品，也会因其色彩的变化而对形态的感觉有所不同（见图 5-30）。

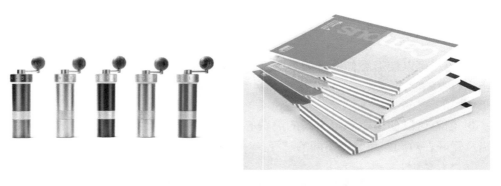

图 5-30　色彩不同的同一产品

③ 同一色系统一所有造型和不同型号。

　　该方法形成产品横向系列，使产品具有家族感。通过该方法可以更好地树立品牌形象，是强化企业形象的通行手段（见图 5-31）。

图 5-31　同一色系的产品

④ 用色彩进行模块区分和装饰（见图 5-32）。

图 5-32   颜色区分模块

随着时代的发展，产品彩色化的倾向趋于明显，打破传统习惯，利用色彩与形态的配合创造强烈的品牌形象，已成为产品设计的一种策略和手段。像苹果 G3、G4 电脑的外观设计，突破了人们对该类产品一以贯之的认识，一改电脑产品固有的、理性意味的形与色，赋予新产品以感性意味的面貌（见图 5-33）。

图 5-33   苹果电脑的色彩应用

（2）色彩与功能

利用色彩的原理和特性，辅助产品功能。色彩同形态一样，也具有传达语意的功能。在进行产品设计时，往往将色彩与形态一同视为符号，利用这种色彩符号暗示功能，传达意图。在这方面色彩比形态具有更大优势，在传达语意上色彩表达一般很明确，不像形态那样带有模糊性。

色彩与产品功能的关系通常表现为以下几个方面。

① 用色彩结合形态对功能进行暗示。例如，电器的按钮或产品的某个部位用色彩加以强调，暗示功能。

② 用色彩制约和诱导行为。例如，红色用于警示，绿色表示畅通，黄色表示提示。

③ 用色彩象征功能。象征功能的色彩有些是由色彩本身的特性决定的，有的则是约定俗成的。例如，我国的邮筒用的是邮政专用绿色，有的国家的邮筒则是红色。

总之，在设计色彩时要从企业的总体目标出发，以理性的、定量化的方法对所使用色彩要素进行统一控制和管理。首先对产品和部件进行色彩标准化控制；其次根据企业形象战略的需要，制订统一的色彩计划，控制企业活动的各个方面，保证公众对产品的色彩印象。

5.6 形态的主动性与被动性

人类最初的设计是被动地顺应需求和功能，后来人们主动注重功能和审美的结合，设计已经成为自觉主动进行的行为。形态的主动性与被动性是随着人们审美意识的提高、加工技术水平的进步和经济发展而变化的。功能与装饰的主次关系和程度比例、材料加工工艺水平及不同时代审美观念的变化都会对形态的主动性产生影响。

被动性形态设计是纯粹为实现需求、功能而产生的形态，是被动的、直接的、满足需求和功能的无修饰的形态形式；主动性形态设计除了实现满足功能的形态结构外，还能主动修饰或掩饰某些因功能而导致的粗陋结构（见图 5-34、图 5-35）。

图 5-34　纯粹满足功能的水龙头

图 5-35　经过形态设计加工，带有明显艺术性的水龙头

■ 小结

该章讲述形态设计与产品各要素的关系，让学生了解使用方式、材料与结构给产品形态设计带来的影响，色彩给形态带来的生命力和情感变化。学会以不同要素为出发点，以点带面进行形态设计。在产品设计时更多地关注各要素间的协调，更深层次地理解产品形态设计。

■ 习题

1. 用四个单体组合成一个正方体，并思考其连接方式（要求形与形之间的结合十分有机自然）。

2. 观察不同结构形式给产品形态带来的变化。

3. 收集某类产品资料，看看采用金属、塑料或新型材料等不同材料对消费者产生的影响。

4. 根据色彩设计的方法，设计一套产品色彩方案，产品种类不限。

第**6**章

形态设计的语意特征

教 学 目 标

📖 （1）了解形态语意的概念，重点掌握形态语意与形态设计的关系

📖 （2）了解形态语意的内容，掌握明示意和伴示意的范围

📖 （3）把握好影响形态语意的因素，为今后的设计打下基础

    产品语意试图通过一定的形式来表明产品"是什么"或者"如何使用"。目前市场上的大部分产品是通过说明书来指导人们如何使用的，而产品语意则努力通过产品的形态来传达这些细节。设计师运用外形、肌理、材料和色彩来传达意义，使用语意代替纯粹样式上的变化，创造出可以理解的并且富有魅力的产品。语意的最终目的是使产品成为与消费者直接沟通、传达消费者情感的媒介。

6.1 语意的概念

6.1.1 产品语意的概念与发展

    所谓产品语意，是指设计师通过设计语言的表达（如外形、结构特征、色彩、材料、

质感等），形成对产品在视觉方面的暗示，以获得使用者对产品在社会层面、心理层面及使用层面等方面的理解。

产品语意在形态设计中的运用能使使用者更好地了解和使用产品，达到产品更好地为消费者服务的目的。

自古以来，人类因相互交流的需要，不断寻求着观念和情感的表达形式。在长期的生产劳动和社会实践中，人们创造了语言、文字、图形、行为和表情等一系列信息传达的工具和方法，并且对不同的形、色、质都有了一种先入为主的认识观，久而久之这些认识便具有了广泛意义，成为特定的符号。随着积累和交流的扩大，人们的这些认识具有了广泛的认同性，并形成特定的视觉经验，成为人类社会共有的特定符号和交流的载体。

符号是一个抽象的概念，如字母、电码、语言、动作等一切能构成某一事物标志的，都可称为符号。它往往通过视觉刺激而产生视觉经验和视觉联想来传达其形态包含的内容，表达某些含义。视觉符号之所以可以辨认，是因为或多或少地"像"它所代表的事物或与某种行为相关联。人们常用联想、比喻把象征符号固定于心理感觉之中。例如，色彩的冷暖表现为喜怒哀乐；线条的粗细变化表现为动态或静态、有机或无机。不同的符号要素可以通过各种不同的组合，产生丰富的形体，用以表达无以计数的变化和感情。

产品语意学正是在符号学理论基础上发展起来的。

6.1.2　产品语意与形态设计

产品语意设计的实质也就是对各种造型符号进行编码，综合产品的形态、色彩、肌理等视觉要素，表达产品的实际功能，说明产品的特征，通过对使用者的刺激，激发其与自身以往的生活经验或行为体会相关联的某种联想，诱导其行为，使产品易懂。

如何将语意学融入设计之中，传达信息，需要设计师对产品的物质功能做细致研究，对精神功能正确理解。设计师不仅仅是形式的创造者，更重要的是信息的传送者。产品形态是满载信息的传达媒介，设计师赋予产品的形式因素（如造型、色彩等），积淀了人类长期的经验，直接影响人的情绪变化，并伴随丰富的联想和想象。博朗公司的著名设计师拉姆斯认为，产品造型的根据是技术进步和社会文化价值。许多传统物件（如自来水笔），其自诞生之日起就一直沿用的造型能充分解释本身的功能，不易使人产生认知及操作上的错误。然而由于微电子化、集成化、智能化的发展，现代高科技产品的信息含量越来越多，产品造型依附于传统形式的程度却越来越小，使用者须透过一定的设定模式（即造型符号）的引导来执行产品的机能。这就需要设计师在了解产品的新技术之后，借用人们的日常生活经验，引入产品语意将其视觉化，把技术传导给使用者，使人们对新产品感到亲切和容易接受。

产品造型除表达其目的性外，还要通过一些符号来传达产品的文化内涵，表现设计师的设计哲学，体现特定社会的时代感和价值取向。正如法国著名符号学家皮埃尔·杰罗所说："在很多情况下，人们并不是购买具体的物品，而是在寻求潮流、青春和成功的象征。"例如，流线型风格用象征性的表现手法，赞颂了速度和工业时代精神，给20世纪30年代大萧条中的人民带来了希望和解脱。在商品经济高度发达的社会，产品语意还应体现商品、经济等外围因素，如品牌的一致性和与其他产品区别的特异性。

通过形态的语意，借助形态语言，让使用者了解形态的含义，在哪个部位进行操作，怎么使用，暗示使用者如何完成某项操作，一个步骤结束后再做什么等。合理的形态能准确地展现形态的功能及特性，便于使用者在使用中的正确判断，使形态成为一件"自明之物"，使产品具有易操作性，从而引导使用者准确操作，并从中体验操作过程的愉快感，充分体现"以人为本"的设计宗旨。

（1）形态要能体现出它的功能及特性

形态的确立包括造型样式、色彩方案、材质选用、表面肌理效果。合理的形态，要能体现出它的功能用途及特性。简单地说，形态要让人知道它的用途。

（2）形态要能向人们暗示该产品的使用方式和操作方法

比如，同样是容器，香水瓶的形态和啤酒瓶的形态差别很大，易于识别；而差别较小的红酒瓶和啤酒瓶，也能够通过形态的微妙变化加以区分（见图6-1、图6-2）。

图6-1　精美小巧的香水瓶

图6-2　瓶型暗示内容

1）通过形态来暗示使用方式

例如，园艺剪刀的把手设计为手指的负形，形态上附有增加摩擦力的横向纹理，不仅便于操作时手的舒适，而且暗示它的把握方式，许多工具的把手都以这种负形设计来指示手握的位置和操作的方法（见图6-3）。

图 6-3　园艺剪刀

2）通过造型的因果联系来暗示使用方式

例如，利用旋钮的造型周边或侧面凹凸槽的多少、粗细等视觉或触觉形态，来传达旋钮调节的精度（见图 6-4）；利用容器开口的大小，来暗示所盛放物品的贵重程度及用量多少等。

图 6-4　按钮形状暗示使用（左边为微调旋钮，右边为粗调旋钮）

3）通过形态的表面质地和肌理方向、颜色来暗示使用方式

例如，利用形态表面的纹理和质地、纹理的方向增强手的触感，并增加把持物体的摩擦力，用纹理的方向来暗示操作运动的方向。对形态的这种处理，特别在操作性工具产品的设计中获得了有效的应用（见图 6-5）。

图 6-5　纹理暗示操作

又如，网状或条形的空槽，大多是用于散热、通风或发声的部位（见图 6-6）。所有的这些无须用文字加以注解，形态即能准确、生动地体现作用与功能。

图 6-6　用于散热的网状

在色彩方面，如传统的照相机，大多采用黑色的外壳表面，来显示其不透光性，同时提醒人们注意避光，并给人以专业性的精密和严谨感。

随着国际交往的日益频繁，设计活动也日趋国际化。以往产品在国与国之间交流往往需要冗长的使用说明，而好的产品造型设计则可以通过视觉符号来简单、明确地说明产品的特征，避免因文字和语言障碍所造成的干扰。因此，造型符号的国际化也将是今后产品设计的一个重要趋势。

6.2 产品语意的内容

在产品语意所传达的内容中，通常包含明示意和伴示意两种含义。

6.2.1 明示意

明示意是指在产品形态要素中所表现出的"显在"内容，即由产品形象直接说明产品内容本身。通过对产品材料、结构、形态，特别是特征部分和操作部分的设计，表现出产品含有的物理性、生理性功能价值，如产品具有什么样的功能，如何进行正确操作，安全、可靠性如何，在什么环境中使用等。

明示意内容范围如下。

- 反映操作、物理功能方面的形态语意；

- 反映机械、传动结构的形态语意；

- 反映运动特征的形态语意；

- 反映安装结构功能的形态语意；

- 反映结构形式的形态语意；

- 反映指令输入、显示功能的形态语意；

- 反映化学防腐蚀功能的形态语意；

- 反映加工工艺的形态语意；

- 反映材质的形态语意。

6.2.2　伴示意

伴示意是指在产品形态要素中不能直接表现出来的"蕴含"的内容，即由产品形态间接说明或表示出产品的内在含义。这也是指产品在使用环境中显示出的对人的心理性、社会性和文化性的象征价值。通过产品形态能使拥有者感到对其个性、文化、地位等方面的体现，或是通过一系列产品的形态加强消费者对企业形象的总体印象等。

伴示意内容范围如下。

- 具有生命力的知觉形态语意；

- 具有体量知觉的形态语意；

- 具有性格特征方面的形态语意；

- 具有时代特性方面的形态语意；

- 具有形式美感的形态语意；

- 具有情感方面的形态语意。

产品形态的指示符号说明产品是什么和如何使用，它的形状和特殊的标志符号必须提供足够的信息，便于人们正确操作。

产品语意就是通过形态的联想来表现产品功能、观念和情感的。

6.3 影响形态语意的因素

形态语意根据形态要素的表现力来表达自身的感情，影响产品语意的要素有很多，下面简单介绍一下。

（1）形态的大小和数量、长短和粗细、体量和面积对形态语意产生影响

同一形体，增加数量，则表现力增强，加深人的印象；线越是细而长，表现力越强，越是粗而短，表现力越弱；体积小则体量减弱，体积大则显得更有力度与量感等。

（2）产品材质影响形态语意

同样大小的球体，大理石球体比玻璃球体更有力度和量感；玻璃球体则因其透明性而变得与外空间相融合，但体量感大为减弱。对同样粗细、长短的木棒和不锈钢棒而言，木棒因其天然纹理、色泽而表现朴实、温暖，不锈钢棒则表现冷感和富丽。这就是为什么人们喜爱木材本色的家具，而对钢管家具用得较少，仅因其轻便、坚固而使用。但对于室内家具，一般都把钢管漆成黑色，或做无光处理，就怕金属本色过于刺目。

（3）光源对语意的影响

不同的光源因其光色不同而影响物体色彩的表现力。在阳光下的白色物体是浅橙色的，蓝色物体会变绿。现代城市的夜景用不同色光的泛光灯照射建筑群体，在夜色笼罩下更显其绚丽多彩，建筑也因而成为"凝固的音乐"。霓虹灯的广告形态，除点、线、面外是色光起到了最大的作用。由于"电光学"的发展，光在特定环境下（舞台、展览馆、夜景）将成为影响形态要素表现力的重要因素。

■ 小结

本章讲述产品语意的内容，借助形态语言，让使用者了解形态的含义，合理的形态能准确地展现形态的功能及特性，便于使用者在使用中正确地完成产品的功能操作；借助形态语意还可以让使用者从操作过程中体验到愉快感，充分体现"以人为本"的设计宗旨。

■ 习题

1. 用三个形体表现出具有按下、提拉、旋转等系列功能的操作键。用形态的区别来体现使用方式（三个形体之间必须要有联系，形成系列化（家族感）形体）。

2. 设计一个有表情的形态。

第 7 章

形态情趣化设计

　　📖　（1）了解情趣化设计的概念，重点掌握形态情趣化的三个层次及产品不同要素带来的情趣体验

　　📖　（2）掌握围绕感官、效能和理解三个层面，如何进行形态情趣化的设计

　　随着生活质量的提高，人类对自身的关怀逐渐增强，形态设计也把注意力更多地关注到产品的情感性方面，更加注重产品本身的情感特征和使用者的情感、心理反应。正如一位美国当代设计家说过的话："要是产品阻滞了人类的活动，设计便会失败；要是产品使人感到更安全、更舒适、更有效、更快乐，设计便成功了。"现在"以人为本"的理念被广泛认同，足以看出对于产品情感上的考虑已经受到关注。

　　因此，除满足使用者的物质功能以外，产品的精神功能也越发突出。人们更希望能够通过产品的造型、色彩、材质和使用方式等各种设计语言与产品进行交流，从而获得全新的情趣体验和心理满足。

7.1　情趣化设计概念

　　产品的情趣化设计，就是产品表现某种情趣，使产品富有情感。产品的情趣化设计是在物质文明逐渐发展下应运而生的，当人们的物质需求得到满足时，就会追求精神满足，会考虑生活的情调、质量与心理的感受，这时情趣化设计便产生了。

情趣化产品设计的出现并非偶然，在人们对工业化产品越来越厌烦的时候，一种新的个性化的产品设计就随之诞生。这种产品抛弃了以往的设计理念，将更多幽默、诙谐及乐观的因素添加到了设计当中。这种产品设计之所以叫作情趣化设计，就是因为它们将产品对人的心理因素的影响放到了首位，这些产品或者是在功能上很新颖，使消费者有了一种回到童年般的好奇心，想去挖掘产品的用途；或者是在造型上很新颖，更准确地说是很亲切，使使用者对产品有了一种超越人与物之间的感情。

7.1.1　情感设计与情趣化设计

情感设计即强调情感体验的设计，就是以情感体验为目的的设计。通过对人们心里活动，特别是情绪、情感产生的规律和原则的研究和分析，使产品有目的地激发人们的情感，使设计作品能更好地实现其目的性设计。

情趣化包含两个层面的含义，即情和趣。情是指情感、情调，趣是指趣味、乐趣。情感是多方面的，有喜悦、悲伤、喜爱、讨厌等。而情趣是指情感中较为积极的一面，就如同一个人具有幽默和谐的性格。

7.1.2　理解情趣化设计

理解情趣化设计应从以下两个方面入手。

第一，产品本身，特别是那些形式优美或者具有意味、含义的设计作品，具有显著的类似艺术品的属性——艺术价值，而这些艺术价值集中体现为它们能激发人们的某种情感体验，在美学中被统称为"审美体验"。

第二，功能性是设计艺术的本质属性，设计艺术的情趣化体验不仅在于其类似产品自身所激发的体验，更在于使用物品的复杂情境下，人与物互动中产生的综合性的情感体验。它具有动态、随机、情境性的特点。

7.2　产品形态的情趣化设计

情趣化设计的核心在于两方面的情感激发：一方面是设计物的情感激发和体验，利用设计的形式及符号语言激发观者情感，如效率感、新奇感、幽默感、亲切感等，促使他们在存在需求的情况下产生购买行为，或者激发他们的潜在需求，产生购买意愿；另一方面，设计应使处于具体使用情境下的用户产生适当的情绪和情感。本文主要针对设计物自身的形态符号来研究情感设计。

7.2.1 形态设计情趣化的三个层次

什么样形态的产品能带给我们情趣化的体验呢？或许是用圆滑的曲线美传递给我们自然的感觉，或许是正负形的使用让我们无法舍弃成双成对的甜蜜，又或许是可爱的表情勾起我们的童真童趣。

我们先来了解形态设计情趣化体验的层次，古代艺术设计的形态常常是自然物的借用或变形，属于具象形态；而现代设计的形态趋于抽象、简化，设计师常使用抽象的点、线、面、体来塑造形体，这些形态之所以能赋予人某种情感体验，其心理机制体现于以下三个层次。

第一个层次，形态自身的要素及这些要素组合形成的结构能直接作用于人的感官而引起人们相应的情绪，同时伴随着相应的情感体验。

第二个层次，形态的要素使人们无意识或有意识地联想到具有某种关联的情境或物品，并由于对这些联想事物的态度而产生连带的情感。直感的情绪与联想激发的情感体验往往相伴而生，是一种较为自动、本能的心理效应，如乔治·内尔森设计的 Marshmallow 沙发（见图 7-1）。

图 7-1 Marshmallow 沙发

第三个层次，在于消费者通过对形态象征意义的理解而体验相应的情趣，这是最高层次的情感激发与体验。

综上所述，我们可以看到形态产生的情趣体验是通过组成形态的各个要素（形、色、材质等）整体作用而发生效果的，很难说是其中任何单一要素带来的情感，这些要素始终相互作用、难以分离。

7.2.2 形态带来的情趣体验

康定斯基认为："世界上所有的形态都是由相同的一些基本要素所组成的，这些基本要素就是点、线、面。形态给人的感受是物象的外形，而构成物象外形的是点、线、面的作用。"他认识到点、线、面本身具有一定的表现力，也包含了上面所说的三个层次的产生机制。

（1）点

作为造型要素的点，它的情趣基调根据不同的形态大小而发生变化（见图7-2）。产品造型设计中的按键等小部件往往起到画龙点睛的作用，它的设计好坏会影响整体的一致性，能给那些陷入视觉疲乏的人们带来情趣的激发。

图 7-2　蓝牙音响出音孔排列方式

（2）线

在直线中垂直线挺拔、高扬，给人以生长、生命力的情感体验。康定斯基将它对应地称为"表示无限的暖和运动的最简洁的形态"。

曲线那倾向于圆满的势，代表了一种成熟和包容的态度，由于曲线所带来的含蓄、温和、成熟的情感特质，又使之带有了一种女性的气质（见图7-3）。

（3）面

基本的几何面可以分为三角形、圆形和矩形三类，其他几何面都是在这三类面的基础上派生出来的。矩形的两组边存在相互节制的属性，水平一边获得优势则感觉寒冷、节制，而相反则显得温暖、紧张，动感十足。

图 7-3　排气扇栅栏不同形式

在平面图形中，内部最静止的是圆，很单纯，也很复杂，它象征团圆、圆满，即使圆滑，也表明了一种中庸、有节的情趣（见图 7-4 ）。

图 7-4　面的多变

（4）体

具象的体，常来自对自然的模仿和变形，它们带给人们的情趣体验与所模仿的对象带给人们的情趣体验密切相关。现代玩具设计中常常使用具象的形态，如动物、植物的拟人形态，憨态可掬的形态迎合了孩子的天真、好奇，对自然事物充满兴趣的特点（见图 7-5 ）。

图7-5　可爱的儿童玩具

图 7-5 可爱的儿童玩具（续）

新技术、新材料（如塑料、层压板材）、新工艺的出现使得一些更加自由的、流畅的、灵活的、富有人情味的抽象形态成为可能，这样的形态同时得到设计师与消费者的青睐，即在几何形态基础上的更加有机、柔性、流畅的形式，这些体既具有几何体的自然和简洁的特点，又由于圆润的边缘、流畅的线条使之亲切，富有迷人的魅力，给人以更丰富的情趣体验。

7.2.3 色彩的情趣体验

色彩的情趣化往往会满足我们本能上视觉的享受乐趣，唤醒我们消费的欲望。马克思说"色彩的感觉是一般美感中最大众化的形式"，也就是说人们对色彩的情感体验是最为直接也是最为普遍的。

（1）色彩特性的情趣体验

① 物体通过表面的色彩能给人们带来温暖或凉爽的感觉；

② 色彩能影响人们对物体的重量和体积的感受；

③ 色彩的冷暖带来"色彩的膨胀性"；

④ 色彩能给人不同的远近感；

⑤ 色彩能直接影响人的情绪。

（2）色彩对比的情趣体验

提高色调、饱和度对比强烈，能提高人的注意力和兴奋程度。

（3）固有色的情趣体验

色彩的固有概念约束了人们的审美情趣；大胆地突破固有色又能迎合某些用户"求新求异"的心态；固有色还是色彩联想产生的基本原因。

（4）色彩象征与情趣体验

色彩联想的抽象化、概念化、社会化导致色彩逐渐成为具有某种特定意义的象征，成为文化的载体，通过这一载体，激发消费者欢快的情趣。

7.2.4　材料的情趣体验

材料的情感来自人们对它的材质产生的感受，即质感。材质是材料自身的结构和组织，质感是人们对于材料特性的感知，包括肌理、纹路、色彩、光泽、透明度、发光度、反光率及它们所具有的表现力。

不同质感带给人们不同的感知，这种感知有时还会引起一定的联想，人们就对材料产生了联想层面的情感；另外，随着材料不断被人类利用造物而被赋予了更多的象征意义。

7.2.5　使用的情趣体验

（1）使用与情趣体验

使用与情趣体验本身是二位一体、相互关联、互为因果的。可用性涉及人的主观满意度，以及带给人们的愉悦程度，因此它具有主观情感体验的成分，"迷人的产品更好用"；情趣体验是建立在一定目的性的基础上的，用户在使用过程中的情绪和情趣体验也是设计情感的重要组成部分，即"好用的产品更迷人"。

现在人们都很喜欢 DIY（Do It Yourself）产品，自己动手去做并不代表社会科技水平的落后，而恰恰相反，在科技飞速发展的今天，人类许多工作都被机器代替了，我们只需敲击几下键盘，便在流水线上做出成品。难道我们不喜欢这种纯粹的轻松，非要自己动手找麻烦吗？事实是在 DIY 的过程中，我们获得了乐趣。

对于情趣化产品，即使在外观和结构上没有什么特别之处，但当知道它别具一格的用途时，还是会忍俊不禁、爱不释手。

（2）情趣化使用方式的三个阶段

① 容易被人掌握。

容易被人掌握是好产品必要的前提。只有让消费者快速了解产品的使用方式，才能更好地抓住消费者的心。

② 信息反馈。

连续的信息反馈也是好的设计所必需的，它是产品与用户之间进行的情感交流。

③ 激起人们的使用乐趣。

使用产品过程中，如果带给你的情感体验都是满意、愉悦的，你就不会抗拒使用它。正如朱利安·布朗所说："好的设计和差的设计的区别，就像一个好故事和一个差故事的区别，好的故事是你听再多遍也不会厌烦，但差的故事，你却一点也不想听。"

7.2.6 情趣化设计目标

对于人来说，情感世界不是一直不变的，随着年龄、阅历、环境的变化，人的心理反应也会发生改变。在成长过程中，不同的成长经历和不同的年龄阶段会有不同的心理反应。因此，在设计前把握好设计目标的变化是至关重要的。

（1）年龄与性别差异的情趣分析

不同的年龄段有不同的心理，然而性别的不同也会影响我们对事情的理解能力、欣赏水平及心理反应；不同性别在家庭所扮演的角色不同，又表现了不同情感喜好。

不同年龄段、不同性别的人群，其心理特征不同、情感世界不同，对于产品的偏爱也不同。而且由于受到教育背景、社会文化的影响，每个人也会有不同的兴趣爱好、个性特色。这都会影响对产品情趣化的判断，特别是在情感的自我心理反应上的判断。

（2）市场与情趣化设计

品牌是一种识别的标志，也是一种情感化的代表。认识品牌、探索产品背后的故事，就能体会产品情趣化在消费市场的延伸。

ALESSI的梦工厂的设计拥有着巨大的品牌号召力，单从各类产品设计教材、杂志上的曝光率就可以看出这点。这家公司云集了许多优秀的设计师，如迈克尔·格雷夫斯、亚力桑德罗·芒迪尼、菲利普·斯塔克等。从一只能带给人快乐的小鸟水壶，到拟人化的"安娜·吉尔"的瓶起子，再到一系列能够给我们家居生活带来乐趣的马桶刷、海绵架等家具用品，ALESSI 创造了许多经典设计。它的设计总会给人带来生活情趣，让我们感受到生活是快乐的，甚至做饭、打扫也是快乐的，减少了我们做家务的烦恼，并不是说它在功能上是多么便捷，而是在情感上给了我们安慰（见图 7-6）。

图 7-6　ALESSI 产品设计

7.3　形态情趣化实现的方法

7.3.1　刺激消费者感官

感官、效能和理解三个层面的情趣体验为设计师提供了激发用户情感的三个着眼点，虽然因其信息加工水平不同而存在高低级区别，但将这三个方面作为策略运用于设计却并无高低之分，仅是依据不同设计目标所做的恰当选择。

最直接、最易于实现的情感设计就是刺激人感官的情趣化设计，这个层面是属于前面所论述的形态对人们感官层面上的情感体验。我们可以通过加强形与形之间的对比度，创造形态的新鲜度和变化等方式达到对人们感官的刺激。一款充分利用了感官刺激吸引消费者关注的空调见图7-7。

图 7-7　空调设计

① 外形和色彩的刺激。

设计中直接利用新奇的形和色彩，以及它们的夸张、对比、变形等形态来吸引人的注意，利用人的感知，特别是视知觉原理，满足人们本能的对形的偏好和情趣体验。

② 情感和欲望的刺激。

通过设计将产品的特质或性能与用户的情感和欲望暗示混合在一起，吸引人的注意，并产生愉悦感。设计物通过煽情的造型语言或画面，能使人们迅速产生兴趣，集中注意力。

7.3.2　人性化设计

人性化设计是指在设计过程当中，根据人的行为习惯、人体的生理结构、人的心理情况、人的思维方式等，在原有设计基本功能和性能的基础上，对产品进行优化（见图 7-8、图 7-9）。

情趣化的产品设计是建立在人性化设计之上的，但是它更侧重于产品对人的情感因素的影响。而传统的人性化设计则更多地是从理性的角度去考虑产品对人的影响，可能正是这种过于理性化的思考使现在的产品大多都和人们产生了距离，所以情趣化产品出现的主要前提就是工业化社会的冷漠导致的人们的情感需求。

人性化设计是现代设计最常用的情感设计方式，它将设计师对于某些人性或生物的生命特征的情感体验，转化为意象，并通过特定的形式表示出来，那些具有类似体验的观看者能从设计中解读出这些情感体验，从而引发共鸣。如由芬兰阿拉比阿公司制作的故事鸟壶，是芬兰近年来最畅销的陶瓷制品，运用了形象隐喻给器皿赋予了人格，并且这组器皿放置在一起就像一个美满的家庭一般其乐融融，造型幽默诙谐，使观看者体会到家居的温暖和甜蜜。

图 7-8　绿色厨房设计　　　　　　　　　　　图 7-9　通用洗衣机设计

7.3.3　让产品具有幽默感

幽默是一种复杂的情感体验，是人的一种潜在的本能，产生于人们具有复杂的认识和思维能力之前，是一种维持生理和心理平衡的机能现象，是使人轻松和缓解压力的重要情感体验。

（1）超越常规的形态

我们可以看到某些超出常规的形态设计能使人产生幽默的情感，这种情感使人们暂时从自身设定的常态中解放出来，从而感到愉悦和压力被缓解。尤瑞安·布朗设计的办公用品，一反常态地使用了夸张可爱的动物造型，使通常感觉冷漠、程序化的办公用品显得憨态可掬，正如他本人所说的，"我们需要那些能够让我们微笑的物品"。

（2）让形态充满童趣

童年的天真烂漫所表达出的童趣很容易突破成年人的常规，而使他们感觉幽默可笑。尤其在现代社会的繁重压力之下，人们往往有逃避现实压力的需要，出现了一些童趣化的新产品或服务，产品的风格趋向鲜艳、轻快，它们在一定程度上都是为了满足成年人一种逃离现实压力、回归天真童年的情感愿望（见图 7-10）。美国苹果公司率先在私人电脑中运用轻松而具童趣的风格，使这些产品脱离冰冷的商用机器的面貌，而成为时尚的象征并流行一时，引发了个人数码产品风格的重大转变。

图 7-10　充满童趣的东巴烛台

（3）戏谑与嘲讽并存

用戏谑与嘲讽表现出来的形态，即使存在恶意，也是以一种委婉的方式表达嘲讽的情感。拉迪设计组 1999 年设计的"睡猫地毯"（见图 7-11），就以一种玩世不恭的态度嘲弄了贵族千篇一律的优越生活；后现代设计风格的阿基佐姆事务所设计的米斯扶手椅、脚凳，从名字上我们就能看出其中戏谑的味道，影射了包豪斯最后一任校长。这个设计参照了勒·柯布西埃在 1929 年设计的著名的轻便躺椅，用显然并不符合"座"的需要的设计来说明它们的讽刺意念，构成了一个"激进设计"和"反设计"的"声明"。

图 7-11　睡猫地毯

7.3.4　赋予产品象征意义

运用形态的象征激发情感，就是把产品本身作为一种符号，激发人们情感的设计。人们对产品的消费本身就包含着符号性消费，消费者可以通过符号的象征，传递他们的身份、地位、个性、喜好、价值观和生活方式。

产品的象征性需要依赖于消费者的联想和想象加以补充，并且常需要通过一定的信息作为索引，最后达到设计师与消费者之间、消费者与消费者之间的语言互通（见图 7-12、图 7-13）。

图 7-12　具有象征形态的加湿器

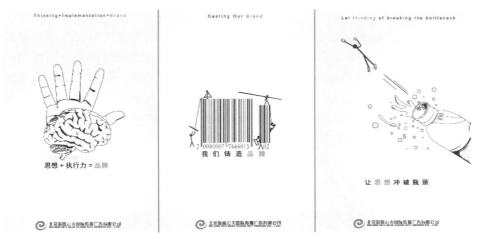

图 7-13　运用象征图形的平面设计

7.3.5　多样的形态表现方法

产品都是以特定的形态存在的，产品设计的过程也可以看作形态创造的过程。对于情趣产品形态设计，有着如下几种常用的形态表现方法。

（1）卡通形态

卡通化设计是一种混合卡通风格、漫画曲线、突发奇想与宣扬情趣生活的一种特殊设计方法，它把人们享受人生乐趣的生活态度混合到了产品造型风格之中。

（2）契合形态

契合形态也就是我们常说的正负形，通常利用共同的元素将两个或两个以上的形体联系起来，其中个体既彼此独立又相互联系。也正是这种既独立又相互联系的关系增添了无尽的趣味，我们所熟悉的太极图和儿时的玩具七巧板都是契合形态的代表。

（3）律动形态

简而言之，就是用静止的形态记录一个运动的瞬间，从而让美丽的瞬间能够永久地保存下来，就仿佛用相机记录舞蹈演员美丽的舞姿。这样的形态通常能够给人以自由、浪漫的情感体验，给人无拘无束的舒适感。

（4）仿生形态

大自然中有纷繁复杂、千变万化的各种形态。仿生设计不是简单地对自然生物体的照搬与模仿。它是在深刻理解自然物的基础上，在美学原理和造型原则作用下的一种具有高度创造性的思维活动。

现代社会人与产品的关系变得越来越近，人们对产品的要求也不仅仅是实现基本的功能，而是更希望能够通过产品的造型、色彩、材质和使用方式等各种设计语言与产品进行交流，从而获得全新的情趣体验和心理满足。所以我们要正确、合理地将其运用到产品设计中，增加人与产品的亲和力，并且能用产品自身的情趣化语言与人交流沟通，用情趣化的诙谐实现非生命的产品与人之间的友善，使平淡无奇的使用者与被使用者之间产生一种极为微妙的情感，从而大大提高产品的附加值，提高产品的竞争力。

■ 小结

本章讲述如何通过产品的造型、色彩、材质和使用方式等设计语言，使消费者获得全新的情趣体验和心理满足。重点从情趣化概念入手，阐述了情趣化与形态的关系、形态所具有的情趣特点，以及形态情趣化实现的手段和方法。让学生了解情趣化的引入能增加人与产品的亲和力，用情趣化的诙谐或幽默实现一种非生命的产品与人之间的友善，从而大大提高产品的竞争力。

■ 习题

1. 选几款市场上现有的产品，体验其情趣化特点并加以描述。

2. 运用情趣化设计的方法，设计一款具有生活情趣的产品（产品种类不限）。

第8章

形态设计中的文化要素

　　每个民族都有自己的历史，每个国家都有自己的文化传统，都有自己的精神内涵。一种文化不会因为历史的变迁而绝迹，一种传统的习俗也不会因为朝代的更替而褪色。探索传统文化，通过使用方式的延续性设计来传递传统的文化元素，将无形的文化转化为有形的物体，真正实现传统文化的生命延续。

8.1　传统文化的生命力

8.1.1　传统文化对现代设计的影响

　　我们当代人看待传统时，很大一部分人都会形容其是老观念、老封建。这样使得我们研究传统时只停留在了一些表象的东西。著名民艺家张授一先生解释传统时认为："'传'

即传布和流传，'统'即一脉相承的系统。"

　　传统文化可以说是一脉相承的器物和习惯，就像一个家族的传家宝和日常行为。站在历史的角度，传统文化即是一些物质与精神的沉淀。生产力的发展使得物质得到改进和创新，使人类有了新的征服自然和表述情感的工具。物质的变化、环境的变化，使得人在神经系统养成的习惯也同时发生变化。

　　从文化的角度来看，"设计引导人"与"人引导设计"本身就是互相融合在一起的。我们的设计在引导人的同时也在引导自己的方向；反过来，人引导设计的时候也引导自己。从物质与意识的关系来看，物质是第一性，意识是第二性，物质影响意识，意识也影响物质。例如，"上上签"牙签设计让人联想到中国的祈福文化，并透着一层厚重的象征意义（见图8-1）。

图8-1　"上上签"牙签

8.1.2　现代设计对传统文化的传承

　　设计是文化艺术与科学技术结合的产物，而艺术与科技，又同属于广义的文化范畴。文化是人类社会历史实践过程中所创造的物质文明与精神文明的总和，具有不可逆转的传承性。虽然一代又一代的艺术家与设计师，总是企图摆脱传统文化的阴影，创造属于他们自己的艺术里程碑，但传统文化还是如影随形，到处可见。因此，可以说，任何传统文化都必然对艺术与科技的发展产生非常深刻的影响，并且通过艺术与科技，或直接、或间接地对现代设计产生连带的巨大影响。例如，受传统胡桃按摩启发设计的保健球见图8-2。

　　什么叫传统文化？我们要有新的概念，人类昨天社会实践活动所创造的一切文明成果，对于今天而言，都是传统文化；今天人类社会实践活动所创造的文明成果，对于明天而言，也是传统文化。所以，我们不能一提传统文化，就联想到落后。事实上，人类在创造文化的过程中，早已把那些落后的糟粕淘汰掉了；被保留下来的，能够对今天和明天产生巨大影响的，则都是人类文化的精华。

图 8-2　受传统胡桃按摩启发设计的保健球

中华民族有博大精深的传统文化，数千年来多元民族文化历史中的丰富艺术造型和博大的哲学、美学内容，是艺术设计者取之不尽、用之不竭的创作源泉。

8.2　传统文化在形态设计中的延续

8.2.1　形态设计中"形"的延续

"万事无形皆为空"，要想得到一种延续传统文化生命力的方式，必须借助理想的形体塑造作为基本框架。使用方式是内涵，形体表现是外在展现，二者结合便是设计的文化传承。

在文字诞生之前，人类就已经开始使用图形符号来传情达意了，新石器时代的彩陶纹样与刻绘在崖壁上的岩画刻符都记载下了人类最初对自然界的认识与理解，以及他们当时内心的希求与期盼。这些图形随着时间的推移、历史的变迁，随着科学技术、材料工艺的不断演进，以及与外来文化的不断融合而不断地延伸衍变，从而形成了中国特有的造型艺术体系。这个造型艺术体系凝聚了中华民族几千年的智慧精华，也传承了华夏民族特有的艺术精神。

中国有代表性的传统图形，诸如凤纹、云纹、鱼纹、涡纹等，我们都可探寻到其表现形式在各个历史时期发展演变的脉络。形态设计中，这种"形"的延伸是对原始母体的继承与延续，也是对其外在形态的衍生与拓展。

8.2.2 形态设计中"神"的延续

虽然"形"在每个时期往往与前一个时期大相异趣，但我们仍能感受到在这些形式多样的造型中所特有的精神气质，不论是彩陶上稚拙的鸟纹和蛙纹、青铜器上狞厉的饕餮，还是汉代漆器上飘逸的凤纹，在经历了漫长时间的淘洗之后，仍然呈现出一种惊人的生命活力，感动着现代人。而这种神韵的承传来源于中国传统的造型观念，即中华民族特有的哲学观念和审美意识。

西方文化从柏拉图开始，一直是讲主客二分的，于是在西方美学中突出的特点是以个体为美，强调形象性、生动性、新颖性，与西方人的这种审美趣味不同的是，中国传统美学更强调主客统一的"整体意识"，认为万事万物都是一个和谐统一的整体，都遵循同一个本质规律，因而中国古代的艺术家始终致力于"以整体为美"的创作，将天、地、人、艺术、道德看作一个生气勃勃的有机整体，把人的情感赋予物的形式，"借物抒情"，"以形写意"，"形神兼备"。

形态设计中，使用方式的延续便是"神"的延续，也就是传统的生命根源即使用方式在现代设计中的一脉相承。

8.2.3 形态设计中的形神兼备

通过传统造型艺术的历史延伸脉络，我们可以看出，造型艺术本身是一个开放的系统，在新的技术与意识观念的冲击下不断地更新拓展，而其后的内涵与精神则是民族历史长期积淀的结果，是中华民族所特有的，也是民族形式的灵魂之所在。因此，要使中国的传统造型艺术在现代设计中得以延伸发展，打造新的民族形式，我们应该在理解的基础上取其"形"，传其"神"。

在形态设计中，通过使用方式的内在嵌入和形体的外在表现相结合，便达到了"形神兼备"的设计境界（见图8-3～图8-5）。

取其"形"自然不是简单地照抄照搬，而是对传统造型的再创造。这种再创造是在理解的基础上，以现代的审美观念对传统造型中的一些元素加以改造、提炼和运用，使其富有时代特色；或者把传统造型的造型方法与表现形式运用到现代设计中来，用以表达设计理念，同时也体现民族个性。

形体表于外，精神体于内。造型美感是被人感知的最直接的途径，人们钟爱一件产品，第一个理由就是它好看，所以我买它。这是表现在外的设计方式，但是有种内在的设计方式容易被人们所忽视，并不是它不起作用，而是这种作用不容易被感知。就好像我们在使用一件产品的时候很少会考虑这种使用方式从何而来，其实已经认可了这种使用方式的实用性。

传统文化的生命延续是通过多种内在的途径实现的，形体的更新换代背后有种不变的本质，通过延续这种本质的东西可以使传统文化的生命持久。传统使用方式便是一种内在的精神，现代设计之中延续了这种精神，延续了传统文化的生命力。

图 8-3　上山虎·香台设计

图 8-4　断桥残雪·香台设计

图 8-5　神马祥云·倒流香台设计

■ 小结

本章讲述形态设计与文化要素的关系，让学生学会在传统文化中汲取设计要素，并运用一定的设计理论和方法将抽象的文化以具体的形态表现出来，使产品形态的设计更加具有文化内涵和价值支撑。在产品设计时要注意故事的渲染和趣味性，使产品形态设计更有意义。

■ 习题

1. 收集 8 个传统纹样、图腾等平面文化素材；收集 6 个传统形态。

2. 收集具有传统特色的产品并分析运用了哪些文化要素。

3. 选择一种文化要素进行素材形态演变，最终形成文化创意产品设计，产品种类不限。

第9章 设计案例

9.1 案例一

正确、合理地将文化与产品相结合，增强产品的文化内涵，从形态、神态、意境等不同的角度深化产品，挖掘文化深层的内涵。用产品表达文化，使平淡无奇的使用者与被使用者之间产生一种极为微妙的情感，从而大大提高产品的附加值，提高产品的竞争力。

项目名称：门挡设计

设计者：张金诚

9.1.1 项目主题

以齐鲁文化或山东旅游景区为创意来源的文化创意产品，形式不限，要求具有较高新颖性、独创性。摆脱传统文化创意产品的形式，充分将文化体现在文化创意产品设计之中。

9.1.2 设计分析

本次设计的主题是体现齐鲁文化和山东旅游景区文化。齐鲁文化具有多样性、地方性等特点，比较著名的有孔孟文化、泰山文化、沂蒙山文化、海洋文化等。其中，泰山作为五岳之首，在中国的地位可谓众人皆知、声名显赫。泰山不单单是一座自然山体，它还同时凝聚了中华民族的历史与文化，见证了中华文明的繁荣昌盛，是中华民族精神的象征。因此，最终选择具有代表性的泰山文化作为文化创意产品的创意来源。泰山文化既是地域性文化也是自然地理文化，泰山文化博大精深，包括了帝王的封禅文化、三教合一的宗教文化、平民百姓的祈福文化等，形象深远广泛且富有特色。

在设计表达上，突破传统的文化创意形式，将文化与产品相结合，使泰山文化体现在日常的生活用品中。同时，面向旅游人群的文化创意产品的特殊性，也决定了设计出的产品要具有精致且便于携带等特点，与日常用品的结合使得消费者在使用过程中更能感受到其中所蕴藏的文化寓意。

9.1.3 方案确定

通过设计分析，最终选择了以泰山石敢当和现代生活中的门挡相结合的方式。门挡的作用是抵挡住门以免撞坏，石敢当在民间有着辟邪镇宅的寓意，两者具有类似的特征，文化能更好地体现在产品上。

9.1.4 设计方案

图 9-1 所示为产品最终方案效果图。

图 9-1 石敢当门挡产品最终方案效果图

9.1.5 创意说明

"师猛虎，石敢当，所不侵，龙未央。"在民间，泰山石敢当作为镇宅辟邪之物常砌于房屋墙壁中。

提取石敢当"镇"之寓意，与门挡相结合，镇住迅速打开的门。

门挡底部设计有防滑垫，内侧设计有减震垫，减小碰触噪声。

9.2 案例二

设计产品时要考虑人们对产品的使用方式，明确不同的产品使用方式必然会产生不同的形态。良好的使用方式设计能够使其更方便操作，提高产品的使用效率，满足消费者不同使用情况下的需求。

项目名称：插座设计

设计者：谢立新

9.2.1 使用人群分析

此款插座主要针对生活快节奏的城市年轻一族。插座作为年轻人生活中不可或缺的常用品，设计时需要考虑使用的广泛性。主要使用人群对插座除了有使用安全性、便捷性方面的要求外，对人机互动也有一定的要求。

该消费群体的共同特点是：具有一定的文化素养和较高的欣赏水准，更喜欢有高科技感和设计简洁的产品，无论从整体还是细节都要求更高的质量。

注：设计时不能只局限于设计者自己关注的领域，应从消费者的各个方面进行考虑。

9.2.2 设计目标的确定

用系统的概念来分析，把人、产品、环境的关系视为一个完整的系统。分析影响系统的有关因素，综合这些因素，评选重要影响因素，作为设计的目标，设计目标层次关系如下。

目标要求一：外观的合理性——外观尺寸与内部尺寸相适应；

目标要求二：插座符合人机工学要求；

目标要求三：方便性——是不是方便易用。

9.2.3 产品风格分析

通过分析国内外插座的外观设计，比较和分解它们的风格。结合使用者的要求，对本次设计风格做出明确的定位，依次为（重要程度由高到低排列）：科技感、简洁、时尚、精致、使用方便、结构独特、细节丰富。

9.2.4 设计推敲过程

依据设计定位，结合总结的日常生活中普通插座诸多的使用不便，设计出符合定位要求的不同方式的解决方案，并且尽可能地拉大各个方案间的差距。

然后，对这些方案进行集中讨论、综合及再研究，深入修改优化。

将初步的创意方案放在设计的系统相关要素中评估，进行细节设计的修正，结合设计团队的讨论，最终确定方案。

9.2.5 设计方案

图 9-2 所示为产品最终方案效果图。

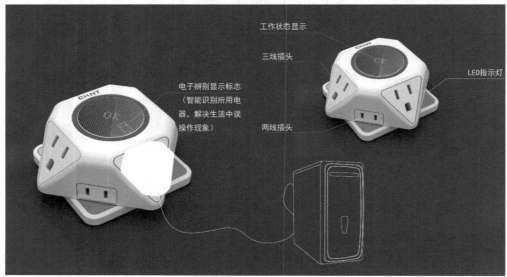

图 9-2 插座设计产品最终方案效果图

9.2.6 创意说明

本设计是在发现日常生活中普通插座诸多使用不便的基础上，并结合使用群体要求而得到的一款方案。其特点如下。

① 普通插座插接大量诸如充电器等大个头用电器时，常出现接头拥挤或容不下的情况；而本设计通过改变插孔的布局，把每个面错开，使插头不再拥挤。

② 普通插座在拔插头时，常因大意误拔插头；而本设计通过智能电子显示屏显示出用电器的符号，解决了误操作问题。

③ 普通插座的开关指示不够明确，有安全隐患；而本设计通过旋转开关使指示作用更明确。

9.3 案例三

文化衍生品的设计通过提炼文化要素而成，这种基于文化的产品，要从功能、形态、材料等各方面充分体现所表达的文化内涵。同时，还要与实际的社会、自然、市场环境相结合，这样设计出来的产品才能带来更好的用户体验。

项目名称：一城·山·水茶盘设计

设计者：张金诚

9.3.1 项目主题

挖掘和弘扬济南泉城传统文化，设计一款文化衍生品，要能体现泉城文化特色。

9.3.2 设计分析

深入了解泉城文化特色，关于泉城济南，除了泉水以外还有许多值得挖掘的点：从大明湖到千佛山，从民间传说到宗教文化，但提起济南，最有名的诗句莫过于"四面荷花三面柳，一城山色半城湖"。这句诗词形容的是济南老城区昔日的景色，但随着济南城市化进程的发展，老城区的范围已经渐渐模糊。根据分析，最终以诗句为出发点，以老城区作为基础做一款文化创意产品。

9.3.3 方案确定

在产品的选择上，为了体现泉城深厚的文化底蕴，选择了形态较为灵活同时具有文化特色的茶盘，将泉城文化与茶文化相结合以丰富文化内涵。

茶盘的整体外轮廓采用济南老城区的轮廓，同时将大明湖与千佛山等形态应用到茶盘上。

9.3.4 设计方案

图 9-3 所示为产品最终方案效果图。

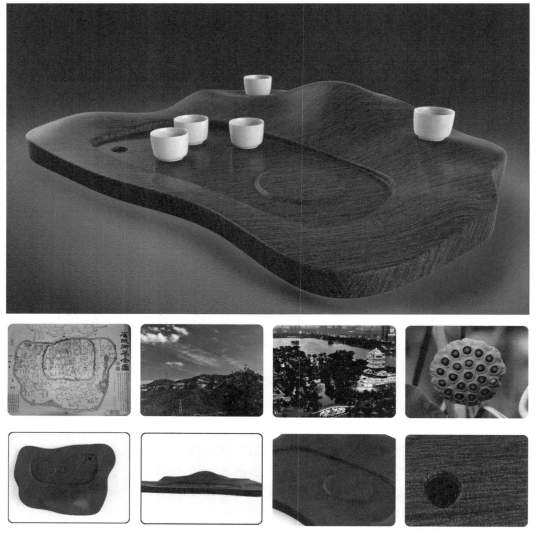

图 9-3　茶盘设计产品最终方案效果图

9.3.5　创意说明

在大明湖北岸的小沧浪亭西洞门的两旁有这样一副对联形容济南："四面荷花三面柳，一城山色半城湖"。这副对联道出了济南柳、荷、湖、山辉映一体的独特风貌。这应该是对济南老城区最真切的写照，一城、一山、一水、荷花与柳，就是济南。

本次的茶盘设计就取自于这副对联。整体的轮廓取自光绪年间老城区的城墙形状，起伏的"山峦"代表了将老城区包裹的千佛山；凹下的部分代表美丽的大明湖；出水口的形状取自于大明湖的莲蓬，山与水、阴与阳，达到整体的和谐。整个茶盘由实木打磨之后再上以清漆防腐，造型柔美，体现了济南深厚的文化底蕴，不温不火、不急不躁，正如饮茶人的心境。

9.4 案例四

创作具有独创性的形态，能给人以新颖的感觉，体现出设计师的创作个性。下面的设计通过改善产品原来的使用操作方式，使产品在使用和操作过程中更加适合现代人不断变化的使用习惯，从而使产品能够满足更多消费人群的需要。

独创性的形态包含着一种特殊的美感，设计师通过这种美感唤起人们对未来生活的追求。

项目名称：滚筒洗衣机设计

设计者：孔志

9.4.1 问题提出

随着科技的发展，越来越多的新功能被加到洗衣机上，这也导致人们操作时的复杂性和人机信息交换量的增加。现有洗衣机的形态及使用方式能否满足使用者轻松的使用与操作？

9.4.2 设计计划

首先我们制定一个大的设计流程图，前期要调查，从调查中发现人们的使用方式与洗衣机自身的不足；然后带着这些问题去思考，想方设法来解决这些问题；最后得到设计方案。

9.4.3 设计调查

调查谁？怎么调查？设计应尽量满足所有人的需要，因此调查的对象不仅包括正常人，还要有残疾人，而且要以残疾人为调查重点，要从正常人与残疾人在家庭中的生活状态及做家务的状态、现代家居的生活环境三个方面展开调查。

调查的过程也是我们逐渐树立概念的过程，为下一步的洗衣机设计提供依据。概念有了，就要把这种概念视觉化。

9.4.4 概念构思

① 考虑到现在家庭家居环境不大，尽量使洗衣机节约空间。

② 在使用过程中身体最不舒适的部位是腰部，而且全过程要两次弯腰，如何简化过程，避免弯腰呢？

是否可以把滚筒设计成可旋转的，这样就可以根据使用者的身高或使用习惯，自行调节机盖的位置和高度，使得不同的使用者都能找到最舒适的操作姿势。

③ 操作部分可以取下使用，方便肢体残疾的人操作，对于正常人来说也是一种新的体验，在按键的下面可以有盲文和声音提示装置，便于盲人和聋哑人使用。

9.4.5 设计说明

① 采用单斜面洗衣机，机盖与操作键放置在一个向前倾斜的斜面上，既减小了人在使用它时的弯腰程度，又给坐轮椅的人士脚部留有充足的容脚空间。

② 设计细节，洗洁剂盒的把手、开门键与透明机盖上相应的 LED 灯、侧面盛放洗衣粉或衣架的方便盒都是该方案的亮点。

③ 可旋转顶开式洗衣机，它有两种开门方式，可根据使用者的身高或操作习惯选择顶开或侧开。

9.4.6 设计方案

图 9-4 所示为产品最终方案效果图。

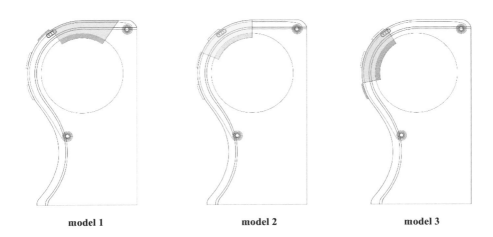

| model 1 | model 2 | model 3 |

| 滚筒转动的三种模式 | **model 1** 站立姿势的人可以保持身体直立状态将衣物放入洗衣机，并操作控制面板
model 2 坐轮椅的人士可以保持舒适的身体姿势将衣物放入洗衣机，并操作控制面板
model 3 洗完衣服之后，站立姿势和坐轮椅的人士都可以将衣物轻松取出 |

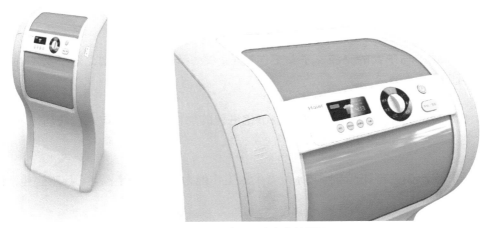

图 9-4　滚筒洗衣机设计产品最终方案效果图

9.5 案例五

产品设计是一个复杂的行为，它涉及设计师的感性和理性的判断。随着人类文明的进步，对产品形态与性能的要求越来越高。良好的形态设计不仅能满足产品的功能需求，而且能更好地传递情感，作为情感的依托。形态的设计对于产品的内在和外观影响很大。

项目名称：亲情日历设计

设计者：张金诚　杨旸　肖宇奇　张惠文　曹洁

9.5.1　设计主题与背景

本设计旨在帮助老年人排遣孤独感。伴随着中国计划生育政策的实施，传统的核心家庭结构发生了变化，4-2-1 的家庭结构成为主流，家庭规模日趋小型化，打破了传统的三代人甚至四代人同居的家庭模式。现代社会中老人和子女都要求有自己的"自由空间"，城市化进程中，中青年人群生存压力大，大量的人离开父母，选择进入大城市。

9.5.2　设计分析

孤独感产生的原因如下。

① 缺少与子女的交流。子女工作繁忙，缺少与子女的互动，对子女不够了解，缺少共同话题。

② 生活方式发生转变。随着城市化进程的加快，许多老年人也迁居进城，生活方式发生了改变，老人难以适应。

③ 生活失去寄托。因为退休或者失去工作能力，心理产生落差，找不到生活的价值感，难以获得肯定。

④ 缺少娱乐场所和娱乐方式。社区建设不合理，缺少老人的活动空间。

⑤ 缺少朋友。社交圈子小，邻里缺少交流。

最终的设计定位为针对老人与子女缺少交流互动的设计。

9.5.3 功能转换

老人方面最主要的需求是了解子女的生活，但是老人的学习能力有所降低，行为模式也较为固化；子女方面并不是不想与父母交流，他们同样也需要来自家庭的关怀，想了解老人的健康状况（见表 9-1、表 9-2）。现在通信技术的发展，虽然可以实现实时通话，但是即时通话有时会给双方带来压力，所以设计的出发点就是满足以上的需求，建立双方的共同话题，且尽量减小沟通压力。

表 9-1　老人需求分析与转换

人　　群	老　　人		
需求分析	了解子女生活	学习能力降低	行为模式固化
需求转换	照片分享	简单的操作	依托于传统物件

表 9-2　子女需求分析与转换

人　　群	子　　女	
需求分析	了解老人的健康状况	家庭的关怀
需求转换	老人的行为反馈	老人的语音传递

9.5.4 设计方案

图 9-5 所示为产品最终方案效果图。

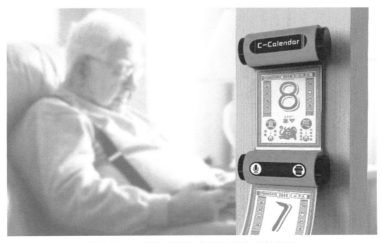

图 9-5　亲情日历设计产品最终方案效果图

9.5.5　使用流程

①　子女打开亲情日历的 App，找到今天的日期，将想要分享的照片在 App 上进行编辑，并附上需要告诉爸妈的文字内容。

②　新的一天到来了，父母需要换掉昨天的旧日历。按住日历上的打印按钮，昨天的日历从下端打印口出来，后面带着昨天孩子发过来的图文消息。

③　将撕下的日历收集起来，一年之后，这不仅是过去一年的日历，还是过去一年孩子的相册。

④　父母按住语音键说话，松开自动发送，像是给子女发送的微信语音消息。子女端 App 会收到老人发来的语音消息。老人撕下日历也会有消息提醒，以防意外的发生。

产品使用流程图见图 9-6。

图 9-6　产品使用流程图

9.5.6　设计说明

老年人存在的最大问题是什么？很多人会关注医疗设备，其实心理上的关注也是非常有必要的，尤其是在空巢老人的生活中，孤独感可能会伴随很长的时间。由于种种原因，子女不能陪在身边，缺少与子女的交流，这种孤独感尤其明显。而很多情况下，子女也并不是不够关心，只是不知道如何去表达。基于帮助老年人排遣孤独感这个主题，"亲情日历"就是针对老人与子女缺少交流互动这方面设计的解决方案。老人的需求是了解子女的生活，但是有着学习能力降低、行为模式相对固化等阻碍，子女的需求是了解老人的健康状况。因此在设计中采用能让子女通过 App 进行分享的形式，通过简单的交互操作，同时寄托于传统的物件进行简单的交流互动。

"亲情日历"最困难的部分是如何将传统与科技相结合，换句话说，就是将老年人熟知的操作与年轻人熟悉的操作相结合，采用日历的形式也是众多方案之一，给日历赋予新的功能与意义。父母按下打印按钮，打印出子女前一天传送的照片或者文字留言，撕下日历，日历也会为子女端传送一个反馈信息。老人可以将照片收集成册，看到子女每天的成长，还可以通过录音功能给子女传送语音信息，建立一个默契交流的平衡点。

9.6　案例六

具有功能性的产品，我们需要考虑它的结构和功能，在此基础上再考虑外观设计的合理性。应满足用户使用产品最基本的需求，不能破坏它的基本功能的合理性。让形态追随功能，设计出符合大众需求的产品。

项目名称：云门柜设计

设计者：王鹤

9.6.1　设计要素分析

1. 造型分析

云门柜设计灵感来源于中国祥云纹饰及古代大门，造型方面试图达到中国木质家具高挑雅致之感，打破原有衣柜四四方方的束缚，造型、结构突出个性，满足个性化消费需求，使得衣柜成为一种装饰，体现人性化、趣味化的设计理念。

2. 色彩分析

家庭衣柜或衣架的设计大都色彩柔和，常常考虑将衣柜放置在统一设计的卧室内。云门柜除整体采用红木颜色以外，还有金属颜色点缀及自选绸缎布帘。云门柜的设计能较好地与现代家庭的设计风格融合。

3. 客户群分析

衣柜中的衣物可分为床上用品和个人衣服（男、女）两大类，前者折叠规整，较易安置；后者因其包括大到西装、外套，小到领带、袜子、丝巾等，存放更为费心。宜挂在衣架上的衣物要与可折叠的衣物分开；男士的衣物与女士的衣物要分开；春、夏、秋、冬不同季节的衣物也要分开。

不妨在衣柜内做这样的分隔：功能按结构分为三部分，即上储、中挂、下放。上部柜门采用推拉式，可以放置一些折叠衣物；中部布帘既隔断又含蓄，可以挂放易褶皱的衣物；下部隔板由卡槽连接，可以放置鞋子或其他物件。这样的分隔设计给衣柜创造了更广阔的空间，我们要求它能使衣物的存放更合理归类，实现空间使用的高效和存取使用的方便。

9.6.2　设计定位

① 精简原则：造型简练、结构严谨、装饰适度、纹理优美。

② 产品设计要以人为本，以消费环境和需求为基点，注重细节，注重对产品本位功能的完善。

③ 将结构和直觉的、个性化的设计相结合，提倡一种简单的生活方式。

④ 尊重独立性与自主性，突出产品的创新性。

⑤ 迎合大众衣柜潮流，但也要节约空间并体现美感。

⑥ 满足个性化消费需求，使得衣柜具备适用性和装饰性，增加情趣性。

9.6.3　设计说明

不追美式设计的奢华，不赶欧式梦幻的潮流，中国风诠释更经得住岁月考验的另类时尚。中国风讲究对称美，从古典陈设上来看，不管是桌椅还是窗子都可以从中间画一条中轴线。为了避免这种均衡对称所形成的中规中矩、沉闷呆板，云门上的左右祥云纹饰自由点缀。柜子的上部犹如一扇大门，左右推拉打开，合并后形成"一朵云"。细长的腿形成中部挂放空间，中部布帘既起到隔断作用又有了含蓄的意味，衣物为私人用品因此使用布帘以做遮挡。借鉴明代家具朴实高雅、秀丽端庄、韵味浓郁、刚柔相济的独特风格，使得这款衣柜独具韵味。

9.6.4 设计方案

图 9-7 所示为产品最终方案效果图。

图 9-7　云门柜设计产品最终方案效果图

9.7 案例七

形态设计的设计灵感可以来自我们生活的每个细节或周边的每个事物，只要有一双发现美的眼睛，就可以将最熟悉、最普通的东西运用到设计当中，这样的设计也能引起人们的共情，试着让你的作品讲出一个有趣的故事吧！

项目名称：方圆茶桌设计

设计者：王鹤

9.7.1 设计目标的确定

人们的生活节奏逐渐加快，越来越多的人更加希望拥有一方安静的空间，以此或会友或谈心或自省或放空，品茶则是一个不错的选择。考虑到饮茶的便捷性、舒适性及产品适用环境的多样性等因素，设计的产品应考虑品茶空间的优化、品茶意境的搭建及人性化甚至趣味化的设计要素，以期设计出符合当今大众口味的茶桌。

9.7.2 设计推敲过程

通过分析国内外的茶桌案几设计，以及结合使用群体的特点分析，本次设计风格确定为简洁、便携、美观、模块化、趣味化，设计一款可收纳式的茶几。

灵感来源于庭院鹅卵石，搜索相关意向图，并进行草图初步表达（见图9-8）。

图 9-8 产品意向图

鹅卵石叠加的形态优美又可节约空间，想象成由底部开始一层一层由大到小的坐垫，像竹子般一节一节，又如同自然的石头，大小不一。接着向上是能收纳茶具的小箱子，还有一层能做茶盘使用，最后在不使用的状态下又能当凳子使用，是个收纳性很高的茶几。产品设计草图见图9-9。

设计过程中可构想产品使用环境，思维发散，构想产品中使用不便的情况，如茶盘落水问题、茶具储藏方式问题、桌腿支撑问题、产品合理尺寸问题、坐垫数量问题等，对此设计出不同的解决方案，再进行深入优化。产品优化草图见图9-10。

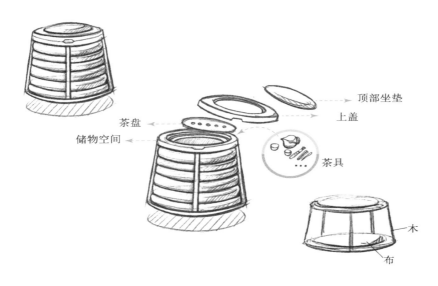

图 9-9　产品设计草图

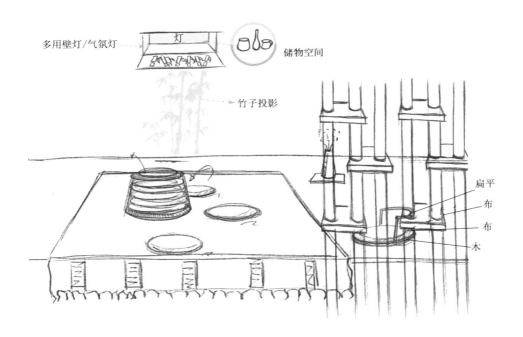

图 9-10　产品优化草图

9.7.3　设计方案

图 9-11 所示为产品最终方案效果图。

图 9-11　方圆茶桌设计产品最终方案效果图

9.7.4　设计说明

　　方圆茶桌带来简约茶风，命名源自古语"天圆地方"，设计灵感来源于庭院大小不一的鹅卵石，产品一物两用，既可以当茶桌也可以当座椅。材料选用优质竹、塑料、布、棉等，结构采用简单的榫卯拼插连接。为节约空间，减小产品重量，落水隔板和存储空间均采用分半设计，储水底盘排储两用，可以蓄水也可以接水管排水。产品大小适中，可以置于室内，也可以放入后备箱做旅行茶具使用，因此适用于普通办公和居住环境及家庭户外旅行。产品装配后无多余结构，包装及运输可以选用标准方形纸盒。这款茶桌极大地优化了品茶空间，可随时随地为爱茶人士营造品茶意境。

9.8 案例八

　　不同的形态设计能满足不同的功能需求，不同功能的结合造就了产品形态的结合。形态的运用能力可以直观体现出产品的功能，也可以看出设计师的设计能力大小。在面对功能多样化的产品时，要将产品的形态做到简洁合理，尤其在新产品的设计上，形态是消费者最先接触的产品信息。

　　项目名称：可折叠洗衣机设计

　　设计者：周东玲　陈天舒　张金诚

9.8.1 设计主题

本次设计是 2015 年海尔举办的"创见生活感动，众创意，智爱家"活动的参展设计，活动的主题是通过设计让用户体验生活中的点滴感动，实现梦想中的"智爱家"，把"智爱生活"体验真正带入人们的生活。

9.8.2 设计要素分析

1. 使用人群分析

主要人群定位为年轻的单身群体。年轻人对新鲜事物有较高的接受度，且对于科技产品的认可度也较高。同时，使用人群对于时间和效率比较重视，对生活充满热爱，尤其是年轻单身人群，更在意自己的生活质量。在家电的选择上，他们偏向于智能、简洁、高效、精致小巧、性价比较高的产品。

2. 使用环境分析

年轻的单身人群有一定的经济能力，多为租房人群，具有一定的流动性。因此在家电的选择上，更倾向于占地面积小、功能集成度高、更加便携的产品。

3. 功能要素分析

在租房的情况下，用户对于产品的功能要求更加多样化，家电的功能可以简化为单人使用的大小和用量。外观选择上侧重简洁高端的颜色与造型，使用更加人性化。

4. 用户心理分析

作为消费者，他们需要的洗衣机在功能上要实用，在使用上要方便、安全、环保、节水、节能，在价格上要合理，在外观上要精美，在设计上要人性化，在摆放上要便利。

9.8.3 设计定位

① 造型简洁，无过多装饰。

② 产品设计要以人为本，以消费环境和需求为基点，注重细节。

③ 将技术和直觉的、个性化的设计相结合，提倡一种简单的生活方式。

④ 尊重独立性与自主性，突出产品的创新性。

⑤ 操作界面简洁易读，注重人性化。

⑥ 便于收纳，不占用过多空间。

⑦ 产品更加智能，实时了解洗衣动态。

⑧ 满足个性化消费需求，使得洗衣成为一种享受，增加情趣性。

9.8.4 设计说明

这款洗衣机的设计是基于对空间利用的研究，并结合 90 后人群的住宅现状及智能手机的普及现象。实际上，它是超声波洗衣机与挂烫机的组合，集洗衣、甩干和熨烫于一体，占用空间小，功能齐全，智能操作，科技感强，符合 90 后对于洗衣机使用的追求，适合快速处理少量衣物。将洗衣机上盖固定于墙壁，洗衣时，放平洗衣机，拉起洗衣部位固定于上盖即可洗衣，洗完衣物后，可通过挂烫机迅速熨干，不需要长时间等待。洗衣机使用结束后，将洗衣机上折，减少空间的占用。上折或下拉时自动关闭或打开电源。这款洗衣机不仅可以通过洗衣机上的触控面板进行操作，而且可以利用微信或手机客户端用手机进行远程操作，对洗衣状况进行实时监控，洗衣结束后自动将信息发送到手机上。同样的可折叠概念可以用到其他的家电产品中。

9.8.5 设计方案

图 9-12 所示为产品最终方案效果图，图 9-13 所示为产品使用流程图。

图 9-12　壁挂式洗衣机设计产品最终方案效果图

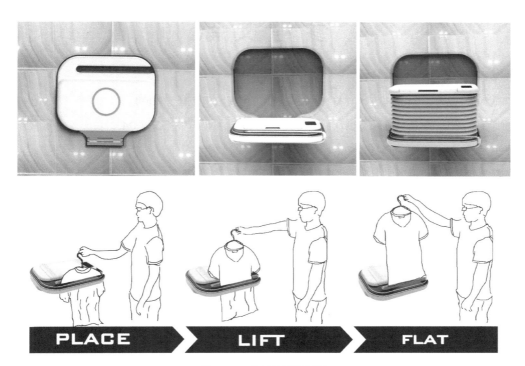

图 9-13　产品使用流程图

参 考 文 献

[1] 刘国余. 产品形态创意与表达 [M]. 上海：上海人民美术出版社，2004.

[2] 刘国余，沈杰. 产品基础形态设计 [M]. 北京：中国轻工业出版社，2004.

[3] 柳沙. 设计艺术心理学 [M]. 北京：清华大学出版社，2006.

[4] 陈慎任. 设计形态语意学 [M]. 北京：化学工业出版社，2005.

[5] 赵剑清. 产品设计教学解码 [M]. 福州：福建美术出版社，2006.

[6] 彭吉象. 艺术学概论 [M]. 北京：北京大学出版社，2006.

[7] 胡飞，杨瑞. 设计符号及产品语意 [M]. 北京：中国建筑工业出版社，2005.

[8] 吴祖慈. 艺术形态学 [M]. 上海：上海交通大学出版社，2003.

[9] 李砚祖. 产品设计艺术 [M]. 北京：中国人民大学出版社，2005.

[10] 张子娇. 形态呈现的课题设计研究 [D]. 南京艺术学院，2014.

[11] 贾韵博. 浅析学龄前儿童食具的情趣化设计 [D]. 天津科技大学，2015.

[12] 毛选波. 现代设计中的人文价值与设计美学的纠葛 [J]. 理论观察，2008(5):147-148.

[13] 高婧淑. 竹制灯具形态设计研究 [D]. 中南林业科技大学，2014.

[14] 陆南，王婷婷. 论传统图形符号的艺术内涵 [J]. 河南工业大学学报（社会科学版），2010，6(4): 101-103，107.

[15] 景芳芳. 在使用环境中寻找产品功能和形态的个性 [J]. 大众文艺，2011(4):181.